Forschung für die Praxis • Band 39

**Berichte aus dem
Forschungsinstitut für Rationalisierung (FIR)
und dem Lehrstuhl und Institut
für Arbeitswissenschaft (IAW)
der Rheinisch-Westfälischen
Technischen Hochschule Aachen**

**Herausgeber:
Univ.-Prof. em. Dr.-Ing. R. Hackstein**

G.-A. Kemmner

Anwenderorientierte Dezentralisierung von PPS-Systemen

Mit 101 Abbildungen

Springer-Verlag
Berlin Heidelberg New York
London Paris Tokyo
Hong Kong Barcelona
Budapest

Dipl.-Ing., Dipl.-Wirt.-Ing. Götz-Andreas Kemmner

Wissenschaftlicher Mitarbeiter im Forschungsinstitut für Rationalisierung an der Rheinisch-Westfälischen Technischen Hochschule Aachen

Univ.-Prof. em. Dr.-Ing. Rolf Hackstein

Bis zu seiner Emeritierung am 30.6.90 Inhaber des Lehrstuhls und Direktor des Instituts für Arbeitswissenschaft, Direktor des Forschungsinstituts für Rationalisierung an der Rheinisch-Westfälischen Technischen Hochschule Aachen

D 82 (Diss. TH Aachen)

Beitrag zur Entwicklung eines Verfahrens zur anwenderorientierten Dezentralisierung von Produktionsplanungs- und -steuerungssystemen

ISBN-13:978-3-540-54117-2   e-ISBN-13:978-3-642-84523-9

DOI: 10.1007/978-3-642-84523-9

Gesamtherstellung:
Becker-Kuns · Druck + Verlag GmbH · Peliserkerstr. 86 · 5100 Aachen · Tel. 0241 / 153767
2160 / 3020-543210

<u>Vorwort des Herausgebers</u>

Die Mechanisierung und Automatisierung der industriellen Produktion hat in den vergangenen Jahren weiter ständig zugenommen. Begriffe wie "Flexible Fertigungssysteme", "Robotereinsatz" oder "CNC-Maschinen" sind einige Deskriptoren dieser Entwicklung. Mit steigender Komplexität der eingesetzten Anlagen, Maschinen und Verfahren erhöhen sich auch die Anforderungen an die Organisation des Zusammenwirkens von Mensch, Betriebsmittel und Material. Die Beherrschung und Verbesserung dieser Ablauforganisation wird mehr und mehr zum entscheidenden Faktor für einen erfolgreichen Einsatz moderner Produktionstechnologien.

Die Ablauforganisation in den Fabriken der Zukunft wird vom Einsatz der Informationstechnik geprägt sein. Einen der Anwendungsschwerpunkte der Informationstechnik in der Ablauforganisation von Produktionsbetrieben bildet der Einsatz von Informationssystemen für die Planung und Steuerung von Produktionsabläufen einschließlich des Transportes und der Lagerung.

Der Erfolg solcher Informationssysteme ist in besonderem Maße davon abhängig, wie gut es gelingt, bei der Entwicklung und beim Einsatz der Systeme gleichermaßen sowohl die technisch-organisatorischen als auch die humanen (arbeitswissenschaftlichen) Aspekte zu berücksichtigen. Während sich die technologische Entwicklung nämlich auf dem Hardware-Sektor äußerst rasant vollzieht, ist zu beachten, daß zwischen der durch die Hardware gebotenen Möglichkeiten und der durch entsprechende Anwendungen eine immer größere Lücke entsteht, die als "Software-Lücke" bezeichnet wird.

Erfolge beim betrieblichen Einsatz können weiterhin aber auch nur dann erreicht werden, wenn der Mensch die oben genannten Informationssysteme akzeptiert. Das aber gelingt nur, wenn der Mensch die sich ergebenden Veränderungen positiv bewältigen kann. Da bisher zu wenig Beweglichkeit, Einfallsreichtum und Flexibilität bei der Entwicklung neuer Bedingungen für die Gestaltung der Arbeitszeit, des Arbeitsplatzes, des Arbeitskräfteeinsatzes, der Arbeitsorganisation und ähnlichem festzustellen ist, zeigt sich hier eine zweite, immer größer werdende Lücke, die vielfach als "Akzeptanzlücke" bezeichnet wird und die in ihren negativen Auswirkungen der "Software-Lücke" sicherlich nicht nachsteht.

Darüber hinaus ist es heute im Hinblick auf die Wirtschaftlichkeit von Neuen Technologien noch allzu häufig üblich, daß man unter der Forderung nach "geringeren Kosten" vorzugsweise "geringere Produktionskosten" und unter "höherer Leistung" vorzugsweise "höhere menschliche Anstrengungen" versteht. Es erhebt sich aber vor dem Hintergrund der Massenarbeitslosigkeit die Frage, inwieweit man heute Neue Technologien als Ersatz für Alte Technologien vorzugsweise durch Reduzierung der Personalkosten anstreben muß und man höhere Leistung vorzugsweise nur durch Erhöhung der menschlichen Anstrengung erreichen kann.

Industrielle Führungskräfte sollen hingegen wissen, daß gerade die mit dem Begriff des Computers verbundenen Neuen Technologien so gestaltbar sind, daß dem Menschen nicht höhere Anstrengungen zugemutet wird, sondern der Computer die Arbeit des Menschen so unterstützen kann, daß das Leistungsergebnis - und darauf kommt es ja an - verbessert wird. Es ist folglich zu prüfen, welche Neuen Technologien geeignet sind, sowohl die Wirtschaftlichkeit zu steigern, als auch den Personalfreisetzungseffekt zu vermeiden.

Die Arbeiten der beiden vom Herausgeber bis 1990 geleiteten Institute, des Forschungsinstitutes für Rationalisierung (FIR) an der RWTH Aachen und des Lehrstuhls und Institutes für Arbeitswissenschaft (IAW) der RWTH Aachen, sind vor diesem Hintergrund darauf gerichtet, Beiträge zur Schließung der angezeigten Lücken und zur Realisierung der genannten Forderungen zu leisten. Zur Umsetzung gewonnener Erkenntnisse wird die Schriftenreihe "FIR-IAW-Forschung für die Praxis" herausgegeben. Der vorliegende Band setzt diese Reihe fort. Die bisher erschienenen Titel sind am Schluß dieses Bandes aufgeführt.

Dem Verfasser danke ich für die geleistete Arbeit, dem Verlag für die Aufnahme dieser Schriftenreihe in sein Programm und allen anderen Beteiligten für ihren Beitrag zum Gelingen des Bandes.

Rolf Hackstein

Inhaltsverzeichnis:

1.   Einleitung

EDV-unterstützte Produktionsplanungs- und -steuerungssysteme (PPS-Systeme) stellen heute ein unabdingbares Hilfsmittel zur organisatorischen Rationalisierung der Produktion dar. Dieser organisatorischen Rationalisierung kommt nach HACKSTEIN [1989, S. 1] gegenüber der technischen Rationalisierung eine immer größere Bedeutung zu. Maßnahmen zur organisatorischen Rationalisierung sind eng mit den Entwicklungen der Informationstechnik verbunden [vgl. HACKSTEIN 1988, S. VI]. Dies wird an der Entwicklungsgeschichte der heute eingesetzten PPS-Systeme deutlich.

Bereits in den 70er Jahren zeigte sich, daß bei EDV-Einsatz selbst in kleineren Unternehmen große Datenbestände zu verwalten sind. Hieraus leitete man die Annahme ab, daß umfangreiche Informationssysteme technisch ausschließlich auf Großrechnern realisiert werden könnten. Die damals noch sehr hohen Kosten der EDV-Technologie führten außerdem zu der Erkenntnis, daß nur eine zentrale Datenverarbeitung, durch Ausnutzen der 'economics of scale', wirtschaftlich sein könne. Diese Erfahrungswerte lagen der Konzeption der ersten PPS-Systeme zugrunde.

Die ab Ende der 70er Jahre entwickelten dialogfähigen EDV-Systeme ermöglichten bereits den verstärkten Einsatz benutzernaher Techniken in PPS-Systemen. Solche qualitativen Verbesserungen führten wiederum zu steigenden Anforderungen an die Leistungsfähigkeit von PPS-Systemen, denen die Anbieter durch Ausnutzung der rapide steigenden Leistungsfähigkeit der Hardware zu begegnen suchten. Diese weiterhin zentralen und immer komplexeren Konzepte konnten jedoch den Ansprüchen an Dialogverarbeitung und Benutzerfreundlichkeit bei kurzen Antwortzeiten nicht gerecht werden.

Schon zu Beginn der 80er Jahre wurden die Vorteile von PPS-Systemen auf der Basis dezentraler EDV-Systeme aus diesen technischen Gründen diskutiert [vgl. MERTENS, WEIGAND 1981, S. 744 ff.; HANSEN 1983, S. 37 ff.]. Diese Diskussion hat jedoch zu keinen gravierenden Änderungen in der Konzeption von PPS-Systemen hin zu dezentralen Lösungen geführt; nicht zuletzt deswegen, weil die technischen Möglichkeiten noch zu begrenzt bzw. zu teuer waren.

1.1   Problemstellung

Ein kritischer Blick auf die absehbaren Entwicklungen der EDV-Technik sowohl in Hinblick auf die Software wie die Hardware zeigt, daß die EDV-Technik nach wie vor den entscheidenden Taktgeber bei der Weiterentwicklung von PPS-Systemen darstellt [vgl. DANGELMAIER, KÜHNLE 1990, S. 46].

Einerseits bremst der Entwicklungsstand der EDV-Technik die Weiterentwicklungen auf dem Gebiet der PPS, weil die EDV-technischen Voraussetzungen für die Realisierung bestimmter PPS-Konzepte (noch) nicht gegeben sind. Andererseits werden durch die Entwicklungen der EDV-Technik Möglichkeiten eröffnet, mit denen man auf seiten der PPS-Entwickler experimentiert und auf diese Weise zu neuen Leistungsmerkmalen von PPS-Systemen oder zu neuen PPS-Konzepten gelangt (vgl. Abb. 1.1).

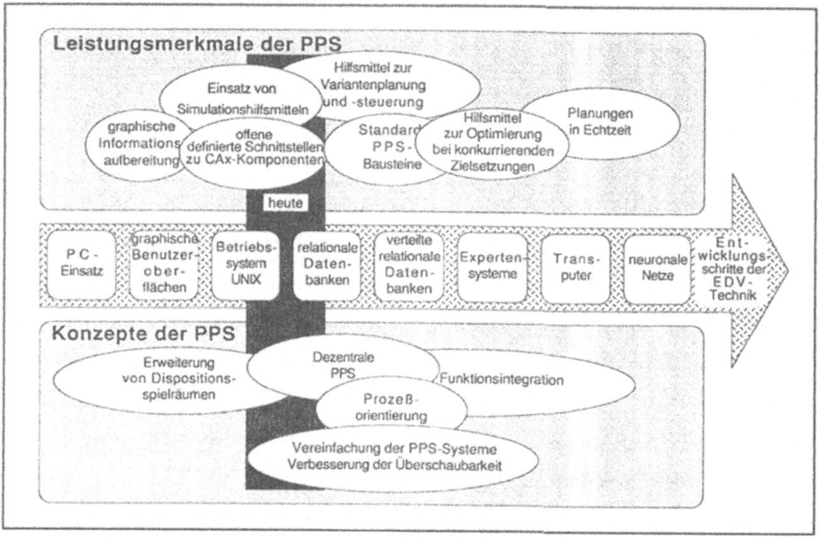

Abb. 1.1: Entwicklungen der EDV-Technik und ihre Auswirkungen auf mögliche Leistungsmerkmale und Konzepte der Produktionsplanung- und Produktionssteuerung

Wie Abb. 1.1 zeigt, ist inzwischen ein Entwicklungsstand bei der EDV-Technik erreicht, der es ermöglicht, leistungsfähige PPS-Systeme auf der Basis dezentraler EDV-Systeme zu konzeptionieren und damit die Reaktionsfähigkeit der PPS-Systeme zu verbessern [vgl. EVERSHEIM, SCHMITZ-MERTENS, WIEGERSHAUS 1989, S. 76]. Mit dem Zurücktreten EDV-technischer Restriktionen setzt sich die Erkenntnis durch, daß ablauf- und arbeitsorganisatorische Gründe langfristig die Verlagerung von PPS-Systemen auf dezentrale EDV-Systeme unabdingbar machen.

EVERSHEIM, SCHMITZ-MERTENS, WIEGERSHAUS stellen hinsichtlich der Ablauforganisation fest: *"Die Dynamik der Steuerungsprozesse in heterogenen Fertigungsstrukturen erfordert die Schaffung unterlagerter Regelkreise, die vor allem über eine Dezentralisierung der PPS-Funktionen erreicht werden kann"* [1989, S. 76].

HACKSTEIN erweitert die ablauforganisatorischen Beweggründe einer Dezentralisierung um arbeitsorganisatorische Gründe, indem er anführt, daß *"die notwendigen Fortschritte im Einsatz der Informationssysteme (...) nur dann erreicht werden, wenn der Mensch diese Informationssysteme akzeptiert"* [1988, S. xii]. Die heutige Komplexität zentraler PPS-Systeme macht diese intransparent, senkt damit die Akzeptanz bei den Benutzern und erschwert Erweiterungen oder Veränderungen der PPS-Systeme. Für den Benutzer führt die mangelnde Transparenz letztlich dazu, daß er kausale Zusammenhänge nicht mehr erkennen kann, unflexibel wird und sich somit vom Bediener zum Diener des PPS-Systems wandelt. Diese Situation hat *"beim Benutzer häufig geistige Verabschiedung und Rückzug aus der Verantwortung zur Folge"* [EIDENMÜLLER 1989, S. 174].

Eine Beseitigung dieser Problematik ist im Einsatz von dezentralen PPS-Systemen zu sehen: *"Die Erfahrungen der letzten Jahre zeigen, daß die vom Markt geforderte Flexibilität unmittelbar auf das Informationssystem durchschlägt, und daß dezentrale Strukturen diesen Anforderungen besser gerecht werden als zentrale"* [EIDENMÜLLER 1989, S. 177; vgl. auch GROSSENBACHER 1985, S. 11 ff.].

Dezentrale PPS-Systeme, die die oben beschriebenen Nachteile der Intransparenz sowie Unflexibilität vermeiden und zu einer Steigerung der Akzeptanz bei den Mitarbeitern führen sollen, müssen primär an den Belangen der Anwender und nicht an den Belangen der EDV-Technik ausgerichtet sein. Für die

Dezentralisierung von PPS-Systemen sind bereits Verfahren verfügbar, die Entscheidungshilfen bei der **Datenstrukturierung** und **Datenverteilung** auf Teilsysteme bieten und sich damit an den Belangen der EDV-Technik orientieren. Soll sich die Konzeption eines dezentralen PPS-Systems jedoch an den Belangen der Anwender orientieren, so erfordert dies eine **funktionale** Verteilung der PPS auf Teilsysteme. Hierfür stehen bisher keine zufriedenstellenden, die Belange der Anwender berücksichtigenden, Verfahren zur Verfügung.

1.2　Zielsetzung der Arbeit

Zur Lösung dieses Problems soll deshalb im Rahmen der vorliegenden Arbeit ein Verfahren zur 'anwenderorientierten Dezentralisierung' von PPS-Systemen entwickelt und erprobt werden. Mit einer anwenderorientierten Dezentralisierung wird eine funktionale Verteilung der PPS auf Teilsysteme angestrebt, bei der die Belange der Anwender berücksichtigt werden. Dies bedeutet, daß die Bildung von Teilsystemen derart zu erfolgen hat, daß die Aufgabenabwicklung innerhalb des PPS-Systems transparent wird und sich für die Anwender ein erhöhter Handlungsspielraum ergibt, ohne daß es zu einer Überforderung kommt. Weiterhin müssen die Funktionen innerhalb eines Teilsystems so zusammengestellt werden, daß ein Anwender alle Funktionen eines Teilsystems bedienen kann. Letztlich darf ein an den Belangen der Anwender orientiertes dezentrales PPS-System die Anwender nicht durch zu lange Antwortzeiten oder zu geringe Systemverfügbarkeit behindern.

Das Verfahren zur anwenderorientierten Dezentralisierung von PPS-Systemen soll es ermöglichen, zu einer unternehmensspezifischen Verteilung der einzelnen PPS-Funktionen eines PPS-Systems auf ein Zentralsystem und verschiedene dezentrale Subsysteme zu gelangen. Hierauf aufbauend kann mit bestehenden Verfahren eine Datenverteilung und Datenstrukturierung durchgeführt werden. Das Verfahren soll und kann einem anwendenden Unternehmen nicht abnehmen, konkrete Vorstellungen über den Leistungsumfang und die Ausgestaltung der einzelnen PPS-Funktionen zu entwickeln.

Bei der Durchführung des Verfahrens sind Entscheidungen über die Verteilung von PPS-Funktionen auf ein Zentralsystem und Subsysteme zu fällen. Diese Entscheidungen müssen getroffen werden können, ohne daß Probe-Installationen von PPS-Funktionen oder Subsystemen beziehungsweise Simulationen bestimmter Eigenschaften von PPS-Funktionen notwendig sind. Weiterhin soll der Aufwand für die Erfassung notwendiger Eingangsgrößen des Verfahrens gering gehalten werden.

2. Begriffsbestimmung

2.1 Produktionsplanungs- und -steuerungssysteme (PPS-Systeme)

Aufgabe der Produktionsplanung und -steuerung (PPS) ist die informations-technische Erfassung und Eingliederung der verschiedenen Produktionsbereiche (Konstruktion, Arbeitsplanung, Beschaffung, Teilefertigung und Montage) in die Auftragsabwicklung. Nach AWF-Definition bezeichnet PPS *"den Einsatz rechnerunterstützter Systeme zur organisatorischen Planung, Steuerung und Überwachung der Produktionsabläufe von der Angebotsbearbeitung bis zum Versand unter Mengen-, Termin- und Kapazitätsaspekten"* [AWF 1985, S. 10; vgl. auch REFA 1987, S. 258].

Wie HACKSTEIN [1989, S. 5] zeigt, gliedert sich die PPS innerhalb der Teilgebiete Produktionsplanung und -steuerung in fünf Funktionsgruppen, auch als 'Hauptfunktionen' bezeichnet, auf, die in Abb. 2.1 dargestellt sind. Innerhalb der fünf Hauptfunktionen der PPS lassen sich 22 (Einzel-)Funktionen erkennen [vgl. HACKSTEIN 1990, S. 161].

Die **Produktionsprogrammplanung** legt *"zeitliche und mengenmäßige Angaben über die künftige Produktion"* fest [HACKSTEIN 1989, S. 10]. Abb. 2.2 führt die Funktionen der Produktionsprogrammplanung auf und stellt ihre wichtigsten Aufgaben dar.

An die Produktionsprogrammplanung schließt sich im Rahmen der Hauptfunktion **Mengenplanung** die zeitliche und mengenmäßige Disposition der verschiedenen Roh-, Hilfs- und Betriebsstoffe, Halbzeuge und Zukaufsteile an. Funktionen der Mengenplanung und ihre Aufgaben zeigt Abb. 2.3.

Eng verbunden mit der Mengenplanung ist die **Termin- und Kapazitäts-planung** zu sehen (Abb. 2.4). Zweck dieser Hauptfunktion ist *"die Planung des zeitlichen und kapazitätsmäßigen Ablaufs der Aufträge. Ergebnis der Termin- und Kapazitätsplanung sind terminierte Aufträge und Kapazitätsbedarfslisten bzw. Arbeitsverteilungsvorschläge"* [HACKSTEIN 1989, S. 13].

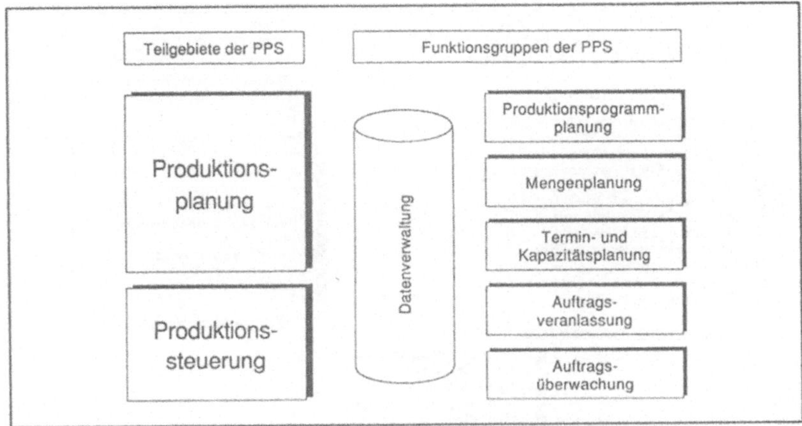

Abb. 2.1: Gliederung der Produktionsplanung und -steuerung nach Funktionsgruppen [in Anlehnung an SCHOMBURG 1980, S. 18]

Abb. 2.2: Die Einzelfunktionen der Produktionsprogrammplanung und ihre Aufgaben [in Anlehnung an HACKSTEIN 1990, S. 165 ff.]

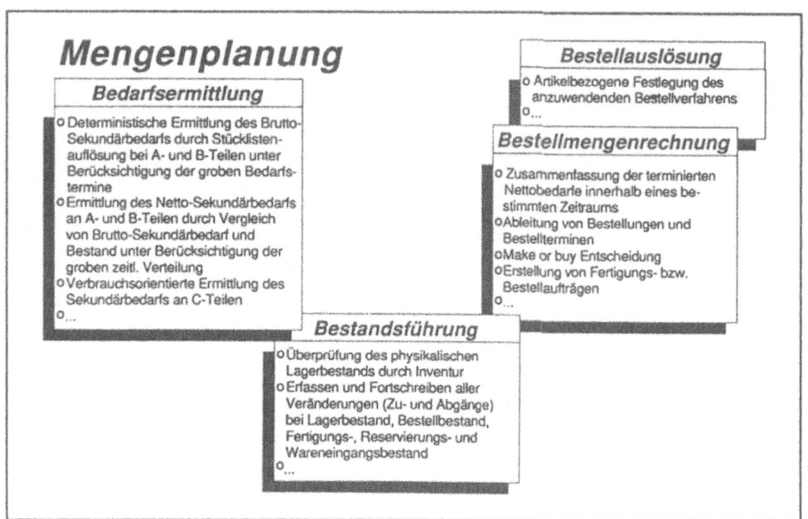

Abb. 2.3: Die Einzelfunktionen der Mengenplanung und ihre Aufgaben [in Anlehnung an HACKSTEIN 1990, S. 168 ff.]

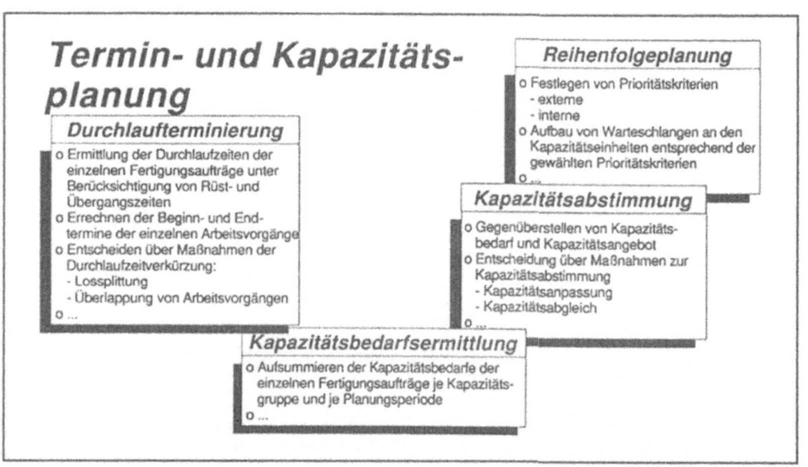

Abb. 2.4: Die Einzelfunktionen der Termin- und Kapazitätsplanung und ihre Aufgaben [in Anlehnung an HACKSTEIN 1990, S. 176 ff.]

An die drei Hauptfunktionen der Produktionsplanung schließen sich zwei Hauptfunktionen der Produktionssteuerung an. Aufgabe der **Auftragsveranlassung** (Abb. 2.5) ist die Durchsetzung des geplanten Produktionsprogrammes, während die **Auftragsüberwachung** (Abb. 2.6) die Einhaltung der Durchsetzungsvorgaben überprüft. Aufgrund stochastisch auftretender Störungen im Fertigungsablauf (z.B. Personalausfälle, Maschinenausfälle, Werkzeugschäden, Nacharbeit wegen Ausschuß, u.s.w.) sowie Planungsungenauigkeiten muß die Auftragsveranlassung die aus der Produktionsplanung kommenden Vorgaben an die aktuelle betriebliche Situation anpassen [vgl. HACKSTEIN 1989, S. 15 f.]. Zwischen Produktionssteuerung und Fertigung schließt sich ein kurzfristiger Regelkreis:

Abb. 2.5: Die Einzelfunktionen der Auftragsveranlassung und ihre Aufgaben [in Anlehnung an HACKSTEIN 1990, S. 181 ff.]

Die Vorgaben der Auftragsveranlassung werden in der Fertigung umgesetzt. Im Rahmen der Auftragsüberwachung werden die Auftragsfortschritte sowie die Kapazitätssituation erfaßt und die Umsetzung der Vorgaben aus der Auftragsveranlassung überprüft. Hiermit stehen der Auftragsveranlassung die notwendigen

Informationen für neue Vorgaben aufgrund der geänderten betrieblichen Situation zur Verfügung.

Dieser kurzfristige Regelkreis zwischen Produktionssteuerung und Fertigung wird um einen langfristigen Regelkreis ergänzt. Abweichungen vom Produktionsplan, die beim Soll-Ist-Vergleich im Rahmen der Auftragsüberwachung erkannt werden, werden an die Produktionsplanung zurückgemeldet und bei der zukünftigen Termin- und Kapazitätsplanung berücksichtigt [vgl. EVERSHEIM 1990, S. 69].

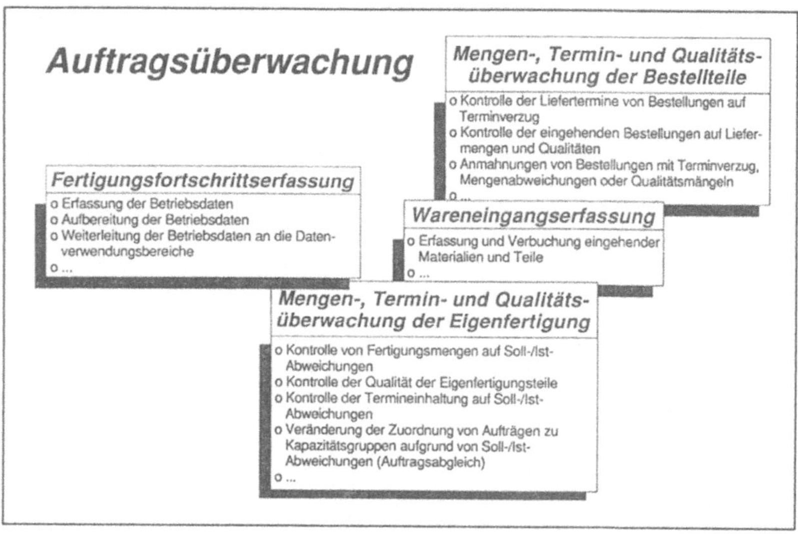

Abb. 2.6: Die Einzelfunktionen der Auftragsüberwachung und ihre Aufgaben [in Anlehnung an HACKSTEIN 1990, S. 183 ff.]

Die **Datenverwaltung** übergreift alle Teilgebiete und Funktionsgruppen der PPS. Sie stellt den Einzelfunktionen der PPS die Datenbasis zur Verfügung. In diesem Sinne ist sie für die Stammdatensammlung und Stammdatenspeicherung zuständig und für das Führen von Verwendungsnachweisen verantwortlich.

Im Rahmen von Verwendungsnachweisen *"werden solche Daten verwaltet, mit denen jederzeit die Verwendung untergeordneter Strukturelemente in übergeordne-*

ten ermittelt werden kann, z.B. die Verwendung von Teilen in Baugruppen oder Erzeugnissen oder die Verwendung von Produktionsmitteln in Arbeitsplänen" [HACKSTEIN 1989, S. 10]. Indem die Datenverwaltung den anderen Funktionsgruppen der PPS die notwendigen Daten zur Verfügung stellt, nimmt sie in Bezug auf die anderen Funktionsgruppen, die die Produktionsabläufe betreuen, eine Unterstützungsaufgabe wahr. Es sei an dieser Stelle vorweggenommen, daß eine Teildezentralisierung der PPS die organisatorischen Abläufe zwischen denjenigen PPS-Funktionen betrachten muß, die die Produktionsabläufe betreuen. In den folgenden Kapiteln soll die Datenverwaltung aus diesem Grund nicht gesondert betrachtet werden.

Entsprechend der AWF-Definition kann die organisatorische Rationalisierung der Produktionsabläufe vom Auftragseingang bis zum Versand als das generelle Ziel der PPS betrachtet werden. Diese übergeordnete Zielsetzung läßt sich in eine ganze Reihe von PPS-Zielen aufschlüsseln, deren wichtigste in <u>Abb. 2.7</u> oben dargestellt sind.

Es kann festgestellt werden, daß sich die einzelnen Ziele der PPS nicht grundsätzlich ergänzen, sondern daß teilweise Zielkonflikte auftreten können, die von HACKSTEIN als 'Polylemma der Ablaufplanung' [z.B. HACKSTEIN 1989, S. 18] charakterisiert wurden. Es liegt auf der Hand, daß nicht jede Einzelfunktion der PPS auf dieselben Ziele der PPS einwirkt. Abb. 2.7 stellt den Beitrag der Einzelfunktionen der Produktionsplanung und Produktionssteuerung zu den PPS-Zielen dar [vgl. auch KITTEL 1987, S. 6 f.].

Es ist für die nachfolgenden Ausführungen von entscheidender Bedeutung, den Begriff der 'Funktion' inhaltlich zu präzisieren. Bezogen auf die Produktentwicklung beschreibt der Funktionsbegriff nach WIENDAHL in abstrakter Form *" (...) die Aufgabe eines Teils, einer Baugruppe oder des gesamten Erzeugnisses (...)"* [1983, S. 56].

Dieses Funktionsverständnis läßt sich auf den Bereich der PPS übertragen. Hiernach beschreibt eine PPS-Funktion die Aufgaben einer organisatorischen Einheit, ohne anzuwendende Methoden oder Verfahren vorzugeben oder eine konkrete inhaltliche Ausgestaltung festzuschreiben. Diese Definition spiegelt sich

Funktionen der PPS			hohe und aktuelle Auskunftbereitschaft	geringe Lagerbestände	hohe Termintreue	hohe und gleichmäßige Kapazitätsauslastung	kurze Durchlaufzeit	hohe Lieferbereitschaft	geringe Werkstattbestände	hohe Flexibilität	geringe Beschaffungskosten	hohe Materialverfügbarkeit	hohe Planungssicherheit
Produktionsprogrammplanung	11	Prognoserechnung				●		●					●
	12	Kundenauftragseinplanung	●										
	13	Auftragsterminierung	●		●	●							●
	14	Kapazitätsdeckungsrechnung			●	●	●						
	15	Materialdeckungsrechnung		●	●			●					
Mengenplanung	21	Bedarfsermittlung		●									●
	22	Bestandsführung	●									●	●
	23	Bestellmengenrechnung								●	●		
	24	Bestellauslösung									●	●	
Termin- und Kapazitätsplg	31	Durchlaufterminierung											●
	32	Kapazitätsbedarfsermittlung	●										●
	33	Kapazitätsabstimmung				●							
	34	Reihenfolgeplanung			●	●							
Auftragsveranlassung	41	Fertigungsauftragsfreigabe						●		●			
	42	Fertigungsbelegerstellung								●			
	43	Arbeitsverteilung	●					●		●	●		●
	44	Bestellauftragsfreigabe									●		
	45	Bestellschreibung								●	●		
Auftragsüberwachung	51	Fertigungsfortschrittserfassung	●										
	52	MTQ-Überwachung Eigenfertigung	●		●		●						
	53	Wareneingangserfassung	●										
	54	MTQ-Überwachung Bestellteile	●		●							●	

Abb. 2.7: Beiträge der Einzelfunktionen der Produktionsplanung und -steuerung zu den PPS-Zielen [in Anlehnung an SPEITH 1982, S. 35]

in der Vielzahl existierender Methoden und Verfahren der Planung und Steuerung, wie 'belastungsorientierte Auftragsfreigabe' (BOA), 'Optimized Production Technology' (OPT), 'Fortschrittszahlen', 'Material Requirement Planning' (MRP I), 'Management Resources Planning' (MRP II), usw. wieder [vgl. EVERSHEIM 1990, S. 70 ff.; GOLDRATT, COX 1984]. Alle diese Verfahren werden unabhängig von der funktionalen Strukturierung der PPS diskutiert.

Auszuführen sind die Aufgaben einer PPS-Funktion von einer 'organisatorischen Einheit'. Personal und EDV-Hilfsmittel sind als Elemente einer solchen organisatorischen Einheit zu betrachten. Wird nachfolgend von einer 'PPS-Funktion' gesprochen, so ist hierunter grundsätzlich das Zusammenwirken von einem oder mehreren Anwendern mit einem oder mehreren EDV-Modulen zu verstehen.

2.2 Zentralisierung, Dezentralisierung und Teildezentralisierung von PPS-Systemen

Zum Verständnis einer 'teildezentralisierten PPS' ist die Klärung der Begriffe 'Zentralisierung' [1] und 'Dezentralisierung' notwendig.

Die Organisationsstruktur eines EDV-gestützten PPS-Systems läßt sich in Form eines 5-Schichten-Modells entsprechend <u>Abb. 2.8</u> darstellen. Hiernach setzt sich ein PPS-System zunächst aus einem anwendungsspezifischen und einem technikspezifischen Bereich zusammen, die sich beide jeweils weiter unterteilen. Die verschiedenen Schichten der Organisationsstruktur beeinflussen sich gegenseitig. So erfordert eine geänderte Ablauforganisation eine veränderte Funktionsstruktur eines PPS-Systems (z.B. die Bildung von Gruppen von PPS-Funktionen) und damit Veränderungen in der Datenorganisation (z.B. bilden von Datengruppen bezogen auf die Funktionsgruppen). Die Kette der Veränderungen kann sich in den technikspezifischen Bereich fortsetzen und zu einer veränderten Software-Organisation (z.B. unterschiedliche Gruppierungen von Software-Modulen) und zu veränderter Hardware-Organisation (z.B. mehrere Rechner) führen.

Unter der Ablauforganisation eines PPS-Systems ist das organisatorische Zusammenwirken der einzelnen PPS-Funktionen zu verstehen. Dieses organisatorische Zusammenwirken der einzelnen PPS-Funktionen kann bei einer anwenderori-

---

[1] Im folgenden werden die Begriffe "(De)zentralisierung" und "(De)zentralisation" als synonym verstanden.

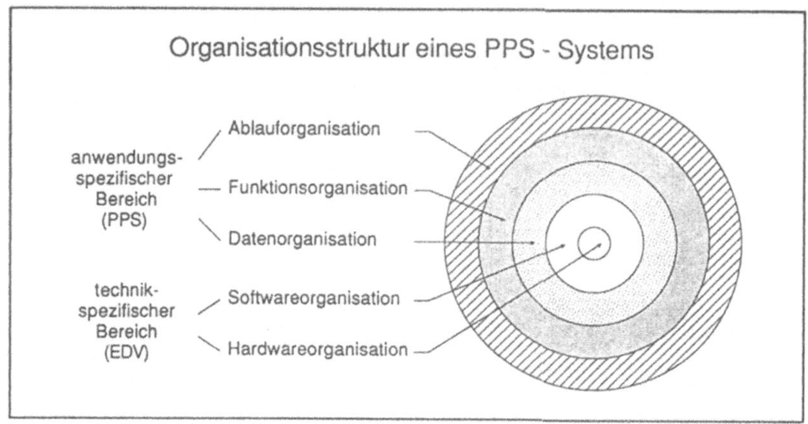

Abb. 2.8:   Organisationsmodell eines EDV-gestützten PPS-Systems

entierten Dezentralisierung von PPS-Systemen über die Analyse der Funktionsorganisation erfaßt werden.

Auf Grund der gegenseitigen Beeinflussungen der einzelnen Schichten darf im Verständnis der Begriffe Zentralisierung, Dezentralisierung und Teildezentralisierung der technikspezifische Bereich nicht fehlen. In bezug auf eine, wie auch immer geartete, Dezentralisierung der PPS ist hinsichtlich des anwendungsspezifischen Bereiches das organisationstheoretische Verständnis des Begriffspaars Zentralisierung/Dezentralisierung zu analysieren, während hinsichtlich des technikspezifischen Bereiches dem technischen Zentralisierungs-/Dezentralisierungsbegriff Aufmerksamkeit zu widmen ist.

2.2.1   Das Begriffspaar Zentralisierung und Dezentralisierung

In der betriebswirtschaftlichen Organisationslehre wird unter 'Zentralisation' die *"Zusammenfassung von Teilaufgaben auf eine Stelle"* verstanden, *"die im Hinblick auf eines der verschiedenen Merkmale einer Aufgabe gleichartig sind, z.B. nach dem Verrichtungsaspekt (Verrichtungsprinzip), dem Objektaspekt (Objektprin-*

zip) oder dem räumlichen Aspekt. Zentralisation nach einem Kriterium ergibt zugleich Dezentralisation nach den anderen Aufgabenmerkmalen" [GABLER 1988]. Entsprechend ist unter 'Dezentralisierung' die Verteilung von Teilaufgaben auf verschiedene Stellen zu verstehen.

Übertragen auf die Betrachtung der Produktionsplanung- und -steuerung führt eine einzelne PPS-Funktion eine 'Teilaufgabe' durch.

Eine entscheidende Schwachstelle der obigen Definition liegt darin, daß nur Aussagen über gleichartige Teilaufgaben gemacht werden, das heißt über Teilaufgaben, die gleiche Aufgabenmerkmale, z.B. gleiche Verrichtung oder gleiches Objekt, besitzen. Die Zusammenfassung oder Aufteilung von Teilaufgaben unter einem Aspekt, der keine Gleichartigkeit der Teilaufgaben erkennen läßt, ist nicht definiert. Weiterhin ist bei der Bestimmung einer Zentralisierung bzw. Dezentralisierung der Ausgangszustand zu betrachten. Abb. 2.9 verdeutlicht die Relativität und unzureichende Aussagekraft dieser Begriffsdefinition am Beispiel der PPS.

Fall 'A' sieht die Zusammenfassung **unterschiedlicher** PPS-Funktionen auf eine Stelle (EDV-Anlage) vor und ist deshalb nach dem obigen Begriffsverständnis nicht definiert. Im Fall 'B' sind für jede Produktsparte getrennte EDV-Systeme im Einsatz, auf denen die unterschiedlichen PPS-Funktionen laufen. Im Sinne der organisationstheoretischen Definition liegt eine räumliche Dezentralisierung vor, obwohl sich, aus dem Blickwinkel des ersten Unternehmens betrachtet, ein zentrales PPS-System im Einsatz befindet. Die Dezentralisierung besteht hier in der Vervielfältigung gleicher EDV-Funktionen und ist nur aus dem übergeordneten Bezugssystem heraus zu erkennen. Dieser Fall der Dezentralisierung sei als **multiplikative Dezentralisierung** bezeichnet.

Im Fall 'C' werden wie im Fall 'A' unterschiedliche und nicht gleichartige PPS-Funktionen betrachtet und zu 'Produktionsplanung' und 'Produktionssteuerung' gruppiert. Diese Aufteilung unterschiedlicher PPS-Funktionen auf ein Zentralsystem sowie eines oder mehrere Subsysteme sei als **segmentive Dezentralisierung** bezeichnet. Darüber hinaus hängt die Entscheidung im Fall 'C', ob man von einer Zusammenfassung oder einer Aufteilung der PPS-

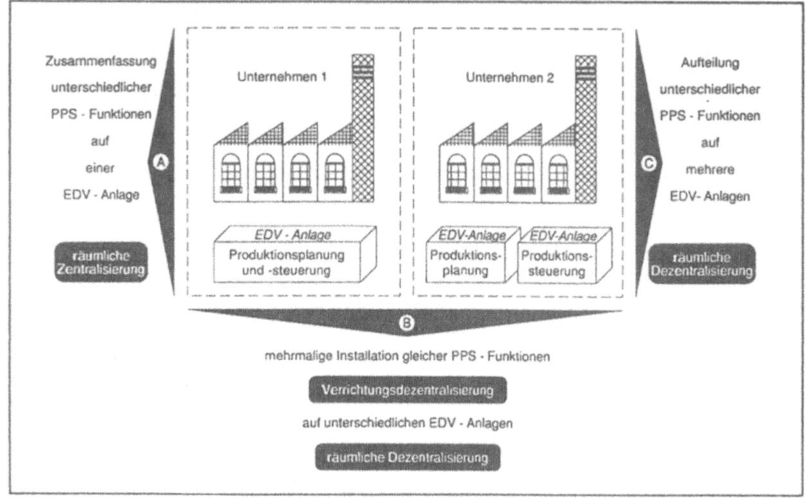

Abb. 2.9: Die Relativität des Zentralisierungs-/Dezentralisierungsbegriffes am Beispiel der PPS

Funktionen sprechen muß, davon ab, ob die PPS-Funktionen zuvor alle auf einer EDV-Anlage installiert waren oder im Extremfall jede PPS-Funktion ihre eigene Hardware besaß.

Deutlicher lassen sich Zentralisierung und Dezentralisierung fassen, wenn auch die technischen Aspekte betrachtet werden:

GROSSENBACHER [1985, S. 92] unterscheidet bei der Betrachtung von EDV-Funktionen zwischen technischer und organisatorischer (De)zentralisierung. Unter **technischer** Dezentralisierung versteht er die Aufteilung von EDV-**Modulen** auf mehrere EDV-Anlagen; **organisatorische** Dezentralisierung beschreibt die Aufteilung von EDV-**Aufgaben** auf mehrere Personen.

RAMAMOORTHY und KRISCHNARAO definieren dezentralisierte EDV-Systeme als gegenseitige Verbindungen digitaler Systeme, sogenannte Prozeß-Elemente, die jeweils einen bestimmten Prozeß durchführen können. Sie stehen räumlich nahe beieinander oder auch weit voneinander entfernt und weisen, offen oder verdeckt, hierarchische Kontrollebenen auf [vgl. RAMAMOORTHY, KRISCHNARAO 1976, S. 377].

Anhand dieser Definition wird deutlich, daß die räumliche Verteilung der EDV-Module keine Bedeutung für die Dezentralisierung der PPS hat. Alle EDV-Module könnten räumlich zusammengefaßt, aber trotzdem dezentral durchgeführt werden. Genauso könnten, bei zentralem EDV-System und dezentral aufgestellten Terminals, die Aufgaben der PPS-Funktionen an verschiedenen Orten durchgeführt werden.

Auf diese grundsätzliche Unabhängigkeit zwischen anwendungsspezifischer und technikspezifischer Dezentralisierung beim heutigen Stand der EDV-Technologie weist auch HÜBNER [1985, S. 496 f.] hin.

Für BESSAI [1985, S. 12] beschreibt das Begriffspaar Zentralisierung/Dezentralisierung das *"Ausmaß der Zusammenfassung von Objekten* [1] *in organisatorischen Einheiten"*.

Weitere Erkenntnisse über die Bestimmungsgrößen einer Dezentralisierung lassen sich bei verschiedenen Verfassern aus der Definition eines Dezentralisierungsgrades ziehen. So wird der Dezentralisierungsgrad nach ENSLOW [1976, S. 265 ff.] durch die Dezentralisierung von drei Größen bestimmt, der 'Kontrolle', der 'Datenbank' und der 'Hardware'. Für HÜBNER [1985, S. 497] spielt bei der Beurteilung des Dezentralisierungsgrades der Grad der Autonomie bei der Aufgabendurchführung eine entscheidende Rolle.

NISSING [1982, S. 75] versteht unter dem 'Dezentralisierungsgrad' das Verhältnis der Teilsysteme zur Anzahl der Funktionen. Bei völliger Zentralisierung ist die Anzahl der Teilsysteme gleich eins, bei völliger Dezentralisierung ist die Anzahl der Teilsysteme gleich der Anzahl der Funktionen. Zentralisierung und Dezentralisierung stellen somit die Endpunkte eines Kontinuums dar. In diesem Sinne ist im Rahmen der Dezentralisierung eines PPS-Systems die Frage zu beantworten, wie weit ein PPS-System dezentralisiert werden soll. Diese

---

[1] gemeint sind in der hier verwendeten Terminologie 'EDV-Module'

Forderung nach dem richtigen Maß der Dezentralisierung eines PPS-Systems steht hinter dem Begriff der **Teildezentralisierung.**

2.2.2 Die Teildezentralisierung von PPS-Systemen

<u>Abb. 2.10</u> versucht die Organisationsstruktur eines teildezentralen PPS-Systems im Vergleich zu einem zentralen und einem dezentralen PPS-System darzustellen. Es ist zu erkennen, daß sich die Eigenschaft einer teilweisen Dezentralisierung sowohl in der Organisation des anwendungsspezifischen Bereiches als auch in der Organisation des technikspezifischen Bereiches eines PPS-Systems ausdrückt.

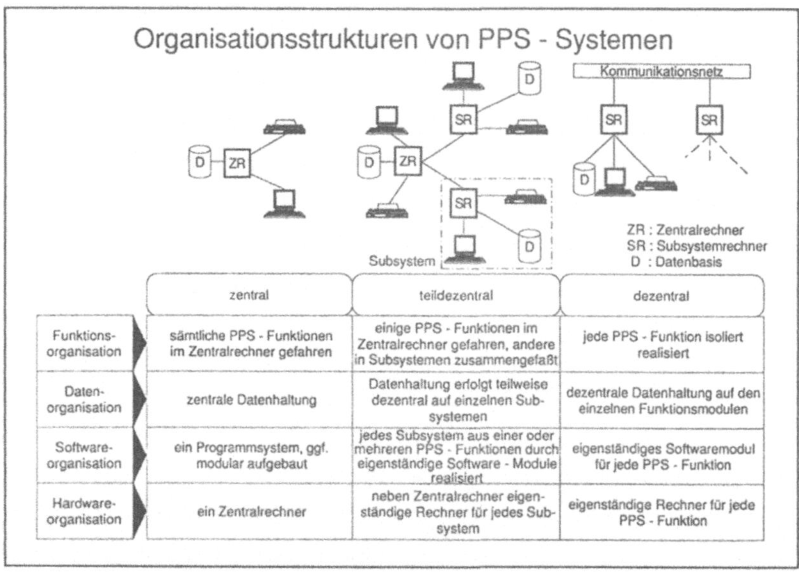

	zentral	teildezentral	dezentral
Funktions-organisation	sämtliche PPS - Funktionen im Zentralrechner gefahren	einige PPS - Funktionen im Zentralrechner gefahren, andere in Subsystemen zusammengefaßt	jede PPS - Funktion isoliert realisiert
Daten-organisation	zentrale Datenhaltung	Datenhaltung erfolgt teilweise dezentral auf einzelnen Sub-systemen	dezentrale Datenhaltung auf den einzelnen Funktionsmodulen
Software-organisation	ein Programmsystem, ggf. modular aufgebaut	jedes Subsystem aus einer oder mehreren PPS - Funktionen durch eigenständige Software - Module realisiert	eigenständiges Softwaremodul für jede PPS - Funktion
Hardware-organisation	ein Zentralrechner	neben Zentralrechner eigen-ständige Rechner für jedes Sub-system	eigenständige Rechner für jede PPS - Funktion

Abb. 2.10: Vergleichende Gegenüberstellung der Organisationsstruktur zentraler, teildezentraler und dezentraler PPS-Systeme

Im Vergleich zu den dargestellten Definitionen der Zentralisierung und der Dezentralisierung läßt sich die Teildezentralisierung eines PPS-Systems durch folgende acht Punkte kennzeichnen:

- Aufteilung der verschiedenen PPS-Funktionen in anwendungsspezifische (Gruppen von Anwendern) und technikspezifische Einheiten (zentrale und dezentrale Hardware sowie Gruppen von Software-Modulen),
- Zusammenfassung von anwendungsspezifischen und technikspezifischen Einheiten zu organisatorischen Einheiten mit eigener Hardware und Software, eigener Datenhaltung und eigenem Handlungsspielraum,
- ablauforganisatorische Beziehungen zwischen den beteiligten organisatorischen Einheiten,
- Anzahl der organisatorischen Einheiten größer eins aber kleiner als die Zahl der PPS-Funktionen,
- gegenüber streng zentralen Lösungen zunehmende Anzahl von EDV-Anlagen bei gleicher Anzahl von PPS-Funktionen,
- physikalische, aber nicht unbedingt räumliche Trennung der beteiligten technikspezifischen Einheiten,
- Vorhandensein eines Zentralsystems, welches nur einmal implementiert ist,
- Vorhandensein eines oder mehrerer Subsysteme, wobei das gleiche Subsystem mehrfach implementiert sein kann.

Abb. 2.10 und die daraus abgeleiteten Kennzeichen eines teildezentralen PPS-Systems legen nahe, die Begriffe 'Dezentralisierung' und 'Teildezentralisierung' synonym zu verwenden, was nachfolgend geschehen soll. Mit einem Verfahren zur Dezentralisierung von PPS-Systemen wird grundsätzlich eine Teildezentralisierung angestrebt, da für eine streng dezentrale Lösung kein Verfahren notwendig wäre.

Wie bereits angedeutet, richtet sich das Hauptaugenmerk der vorliegenden Arbeit auf den funktionalen Aspekt, da die Anwendungsorientierung eines dezentralisierten PPS-Systems primär über die Gestaltung der Funktionsorganisation beeinflußt wird.

Im Rahmen der vorliegenden Arbeit ist somit unter der Dezentralisierung von PPS-Systemen eine Erhöhung des Autonomiegrades von PPS-Funktionen mittels

- einer **segmentiven** Verteilung unterschiedlicher PPS-Funktionen zu verstehen.

Im einzelnen bedeutet dies:

- die **EDV-Module der PPS-Funktionen** (Hardware- und Software) werden auf ein Zentralsystem und eines bzw. mehrere Subsysteme verteilt,
- es gibt in einem wirtschaftlich selbständigen Unternehmensbereich nur ein Zentralsystem aber ggf. mehrere Subsysteme mit gleichen PPS-Funktionen,
- auf dem Zentralsystem werden diejenigen PPS-Funktionen installiert, die entweder besondere Anforderungen an die Leistungsfähigkeit der Hardware stellen oder innerhalb eines wirtschaftlich selbständigen Unternehmensbereiches nur einmal realisiert werden dürfen,
- die **Anwender der PPS-Funktionen** bilden mit den zugeordneten technischen Subsystemen eine organisatorische Einheit,
- **Anwender und EDV-Module der PPS-Funktionen** werden derart gruppiert, daß innerhalb eines Subsystems alle Anwender, nach entsprechender Qualifizierung, im Sinne einer Funktionsintegration alle anfallenden Aufgaben ausführen können.

2.2.3   Die Vorteile und Nachteile einer dezentralisierten PPS

In den letzten Jahren haben sich zahlreiche Untersuchungen mit den Vor- und Nachteilen dezentralisierter EDV-Systeme im allgemeinen [z.B.: RAMA-MOORTHY, KRISHNARAO 1976, S. 381; ROCKART 1977, S. 4 ff.] und dezentraler PPS-Systeme im besonderen [z.B. KERN 1989] auseinandergesetzt. Die wichtigsten Vorteile eines dezentralen PPS-Systems sind in <u>Abb. 2.11</u> zusammenfassend dargestellt und werden im folgenden näher erläutert:

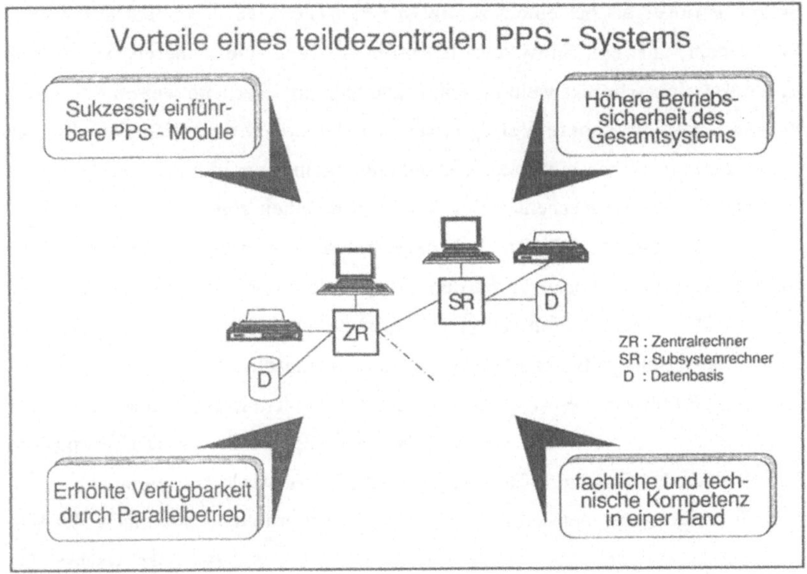

Abb. 2.11: Primäre Vorteile eines dezentralen PPS-Systems

Finanzieller Aufwand und Komplexität der Einführung eines PPS-Systems bzw. Umstellung auf ein neues PPS-System in einem Unternehmen sind geringer, wenn sukzessiv einzelne PPS-Module eingeführt werden können. Eine Modulari- sierung ist bei dezentralen PPS-Systemen eher möglich als bei zentralen, da bei letzteren in der Regel mit einem aufwendigen 'Zentralmodul' begonnen werden muß, um das sich die anderen Module scharen. Aufbau und Ausbau eines dezentralen PPS-Systems können einfacher ermöglicht werden als bei einem zentralen PPS-System. Dezentrale PPS-Systeme besitzen zwar ebenfalls 'Zentral- module', doch bestehen diese im allgemeinen aus weniger PPS-Funktionen und sind weniger komplex. Weiterhin können bei Veränderungen oder Umstrukturierungen von PPS-Systemen einzelne Subsysteme separat bearbeitet werden, ohne daß das gesamte PPS-System blockiert wird [vgl. EIDENMÜLLER 1989, S. 184].

Das Risiko eines totalen Systemausfalls ist bei einem dezentralen PPS-System geringer als bei einem zentralen PPS-System, da bei einem dezentralen PPS-System nur ein Subsystem betroffen ist und die anderen Subsysteme zumindest eingeschränkt weiterarbeiten können. Entsprechend weisen dezentrale PPS-Systeme eine höhere Verfügbarkeit und höhere Leistungsfähigkeit für den Anwender auf, da die einzelnen Systemkomponenten parallel arbeiten und nicht miteinander um die Rechenleistung der Zentraleinheit ringen.

Die Mitarbeiter können bei dezentralen PPS-Systemen besser in die Aufgabenerfüllung einbezogen werden, sie erhalten mehr Entscheidungsfreiheiten, können ihre Qualifikation besser einbringen und durch Simulations- und Animationstechniken höher motiviert werden. Weiterhin können die Subsysteme von den Benutzern selbst geführt werden, womit fachliche und technische Kompetenz in einer Hand liegen [vgl. HANSEN 1983, S. 37 ff.] und das Verständnis der Benutzer für die EDV gefördert wird. Die Benutzerfreundlichkeit steigt somit beträchtlich an, und Aufgabenstellungen können flexibler durchgeführt werden [vgl. EIDENMÜLLER 1989, S. 174]. Der wachsenden Dynamik bei der Aufgabendurchführung sowie der zunehmenden Heterogenität des von einem Sachbearbeiter in der Produktion zu bewältigenden Aufgabenspektrums werden dezentrale PPS-Systeme besser gerecht.

"Ein wesentlicher Nachteil zentralistisch orientierter Systeme (...) liegt in der Diskrepanz zwischen dem Planungsergebnis und der tatsächlichen Fertigung" [KERN 1989, S. 697]. In der Behebung dieses Mißstands liegt ein weiterer Vorteil dezentraler PPS-Systeme.

Als Nachteil der Dezentralisierung von EDV-Leistungen waren früher die ansteigenden Kosten für die Hardware zu nennen, die noch vor einigen Jahren eine Dezentralisierung von EDV-Systemen fast unmöglich machten. Gegenüber den mit der Entwicklung der Mikroelektronik rapide gesunkenen Kosten gewannen die Nutzen einer Dezentralisierung der PPS, in Form der oben angeführten Vorteile, an Bedeutung. Die Wirtschaftlichkeit eines EDV-Systems im allgemeinen und eines PPS-Systems im speziellen verschob sich hin zu einem höheren Grad der Dezentralisierung. KRETZSCHMAR und MERTENS zeigten bereits 1982, daß eine Dezentralisierung der betrieblichen Datenverarbeitung auf Abteilungsebene die kostengünstigste Lösung darstellt [vgl. KRETZSCHMAR, MERTENS 1982, S. 247 f.].

Als weiterhin bestehende Nachteile einer Dezentralisierung können u.a. gesehen werden:

- zunehmende Anzahl zu bedienender Schnittstellen und wachsende Datenströme,
- zunehmende Anzahl an einem organisatorischen Vorgang beteiligter Bearbeiter, dadurch steigende Übergangszeiten und letztlich verlängerte Durchlaufzeiten für die Bearbeitung eines Vorgangs,
- gesteigerter Koordinationsaufwand zur Sicherstellung eines reibungslosen Zusammenspiels der einzelnen Subsysteme.

Zunehmendem Koordinationsaufwand und wachsender Schnittstellenzahl kann durch eine teilweise und nicht extreme Dezentralisierung vorgebeugt werden. Der zunehmenden Anzahl organisatorischer Schnittstellen ist durch eine organisatorische Funktionsintegration [vgl. ESSER, KEMMNER 1988, S. 35 f.; KEMMNER, TREULING 1989b, S. 47] zu begegnen, wie sie mit dem zu entwickelnden Verfahren zur anwenderorientierten Dezentralisierung von PPS-Systemen angestrebt wird.

3. Stand der Forschung bei der Dezentralisierung von PPS-Systemen

Im Laufe der letzten Jahre sind eine Reihe von Verfahren entwickelt worden, die zu einer Entscheidungsfindung im Hinblick auf eine Dezentralisierung von EDV-Systemen beitragen sollen. Eine direkte Entwicklung entsprechender Verfahren für PPS-Systeme ist nur in wenigen Fällen anzutreffen, doch besteht grundsätzlich die Möglichkeit, die Verfahren auf den Bereich der PPS-Systeme zu übertragen. Keines der entwickelten Verfahren verfolgt das Ziel, die letztendliche Entscheidung für ein optimal dezentralisiertes EDV- bzw. PPS-System zu treffen. Vielmehr wird versucht, eine Dezentralisierungsentscheidung zu unterstützen und vorzubereiten. Weiterhin liefert keines der Verfahren eine organisatorische Lösung für alle fünf Ebenen eines EDV-Systems bzw. eines PPS-Systems (Hardware-, Software-, Daten-, Funktions- und Ablauforganisation). Statt dessen steht die Gestaltung der Daten- bzw. der Funktionsverteilung im Vordergrund.

Aufbauend hierauf können die verschiedenen Verfahren in zwei Gruppen eingeteilt werden: daten- und funktionsorientierte Verfahren zur Dezentralisierung von EDV- bzw. PPS-Systemen. Selbstverständlich berücksichtigen datenorientierte Verfahren auch die funktionale Struktur eines PPS-Systems, wie auch die funktionsorientierten Verfahren nicht ohne Berücksichtigung der Daten zu einer Vorentscheidung gelangen.

Ausgangspunkt der meisten Verfahren ist die Feststellung, daß ein EDV- bzw. PPS-System aus Funktionen besteht, die über Datenströme logisch miteinander verbunden sind. Über die Bewertung der Funktionen und der Datenströme mittels unterschiedlicher Bewertungskriterien gelangt man zu Vorschlägen für Dezentralisierungslösungen.

3.1 Datenorientierte Verfahren zur Dezentralisierung von EDV- bzw. PPS-Systemen

Datenorientierte Verfahren setzen mit den Kriterien zur Dezentralisierung bei den Datenbeziehungen zwischen den Funktionen an. Vorrangiges Ziel ist die Optimierung der Kommunikationsstruktur durch Verringerung des Kommunikationsvolumens und der Kommunikationskosten. Auch wenn bei einigen Verfahren dieses Typs zunächst eine funktionsorientierte Betrachtungsweise angestellt wird, folgt die Entscheidung letzten Endes aus der Analyse der Daten und deren Beziehungen.

Für AUGUSTIN [1980, S. 2] ist die Ausgangssituation der Dezentralisierungsmaßnahme von der zunehmenden Bedeutung arbeitsplatz- und damit funktionsbezogener Hardwarelösungen und darauf aufbauender EDV-Konzepte bestimmt. Ziel des Verfahrens nach AUGUSTIN ist es, Entscheidungshilfen für die Verteilung von typischen Werks-'Funktionen' zu geben. Zwar lassen die Formulierung der Ausgangssituation und der Zielsetzung auf eine funktionsorientierte Betrachtungsweise schließen, doch sind die entwickelten Entscheidungshilfen rein datentechnischer Art.

Die Vorgehensweise nach AUGUSTIN [1980, S. 7 f.] gestaltet sich folgendermaßen:

1. Analyse der Datenbestände und deren Zuordnung zu Aufgabengebieten,

2. Analyse der Datenströme zwischen allen Funktionen (Matrix),

3. Teilsystembildung nach 'Teilsystemkriterien'.

Ausgangspunkt für die Entwicklung der Teilsystemkriterien sind nach AUGUSTIN [1980, S. 5] die typischen Charakteristika der Teilsysteme:

" - *möglichst einfache und wenige Schnittstellen zu angrenzenden Bereichen,*
  - *hohe Verfügbarkeit der im Teilsystem enthaltenen Teilaufgaben,*
  - *hohe Autonomie bezüglich der Datenbestände.*"

Zu entwickelnde Teilsysteme sollen in erster Linie diesen drei Charakteristika entsprechen. Zur Beurteilung der Teilsystemfähigkeit eines betrachteten Aufgabengebietes werden die drei, in <u>Abb. 3.1</u> definierten Teilsystemkriterien herangezogen.

Teilsystemkriterien nach Augustin :

$$\text{Schnittstellenkennzahl} = \frac{\text{Datendurchsatz innerhalb eines Aufgabengebietes}}{\text{Datendurchsatz zu anderen Aufgabengebieten}}$$

$$\text{Verfügbarkeitskennzahl} = \frac{\text{Kurzfristiger (> 1/d) Datendurchsatz innerhalb eines Aufgabengebietes}}{\text{Gesamter Datendurchsatz innerhalb eines Aufgabengebietes}}$$

$$\text{Datenbestandskennzahl} = \frac{\text{Datenbestandsströme innerhalb eines Aufgabengebietes}}{\text{Gesamte Datenbestandsströme eines Aufgabengebietes}}$$

Abb. 3.1: Teilsystemkriterien nach AUGUSTIN [1980, S. 11f.]

Die 'Schnittstellenkennzahl' bewertet, wie weit ein betrachtetes Aufgabengebiet von anderen Aufgabengebieten entkoppelbar ist. Je höher die Summe der Datenströme innerhalb eines Aufgabengebietes im Vergleich zu anderen Datenströmen von und zu anderen Aufgabengebieten ist, desto sinnvoller ist es, ein Aufgabengebiet zum Teilsystem zu erklären.

Mit der 'Verfügbarkeitskennzahl' wird gemessen, wie hoch die Anforderungen an Verfügbarkeit und Sicherheit eines Aufgabengebietes sind. Je höher die Summe der kurzfristigen Datenströme innerhalb eines Aufgabengebietes im Vergleich zu allen Datenströmen innerhalb dieses Aufgabengebietes ausfällt, desto günstiger ist eine Abwicklung des Aufgabengebietes in Form eines Teilsystems.

Die 'Datenbestandskennzahl' bewertet die Eigenständigkeit eines Aufgabengebietes über den Umfang der dem betrachteten Aufgabengebiet zugehörenden
Datenbestände. [AUGUSTIN 1980, S. 11 f.]

Auf der Basis dieser Teilsystemkriterien wird die Teilsystembildung mittels
eines EDV-Programmes durchgeführt. Dazu wird nach den beiden Analyseschrit-
ten (Datenbestands- und Datenstromanalyse) mit Hilfe eines Optimierungspro-
gramms die Kommunikationsstruktur ausgedruckt. In diesem Ausdruck können
dann die teilsystemfähigen Aufgabengebiete abgegrenzt werden (Abb. 3.2). Dabei
ist nach AUGUSTIN [1980, S. 12] weiterhin *der Umfang der für ein Teilsystem
in Frage kommenden Funktionen*" und das "*dahinterstehende Ratio-Potential*" zu
berücksichtigen.

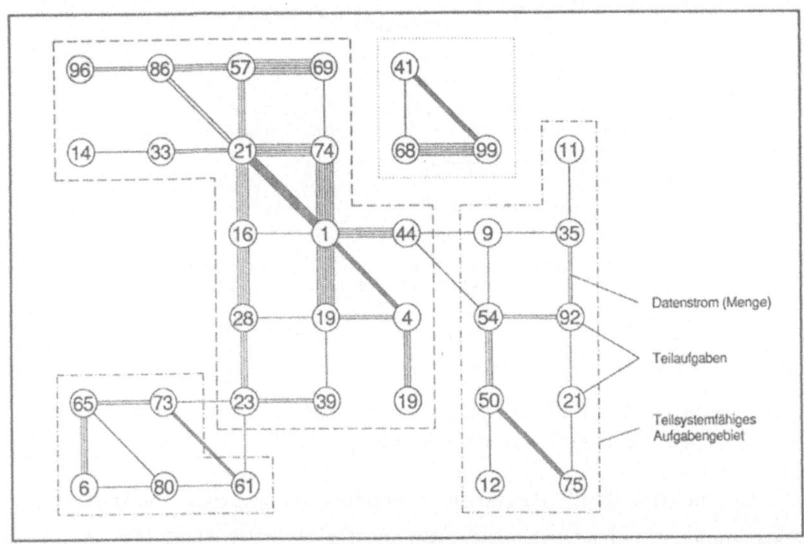

Abb. 3.2: Beispiel der Darstellung einer Kommunikationsstruktur und teilsystem-
fähige Aufgabengebiete nach AUGUSTIN [1980, S. 9]

NISSING [1982] hat sich konkret mit der Entwicklung eines dezentralen PPS-
Systems beschäftigt. Deshalb soll auf seine Vorgehenswesie detaillierter
eingegangen werden. Ausgehend von einer Analyse der PPS-Funktionen faßt er
die zwischen den PPS-Funktionen fließenden Daten nach datenverarbeitungstech-

nischen Gesichtspunkten zu 46 Datengruppen zusammen [NISSING 1982, S. 52 ff.]. Auf der Basis dieser Datengruppen ermittelt er das Kommunikationsvolumen zwischen den einzelnen PPS-Funktionen und bereitet es in Matrix-Form auf (<u>Abb. 3.3</u>).

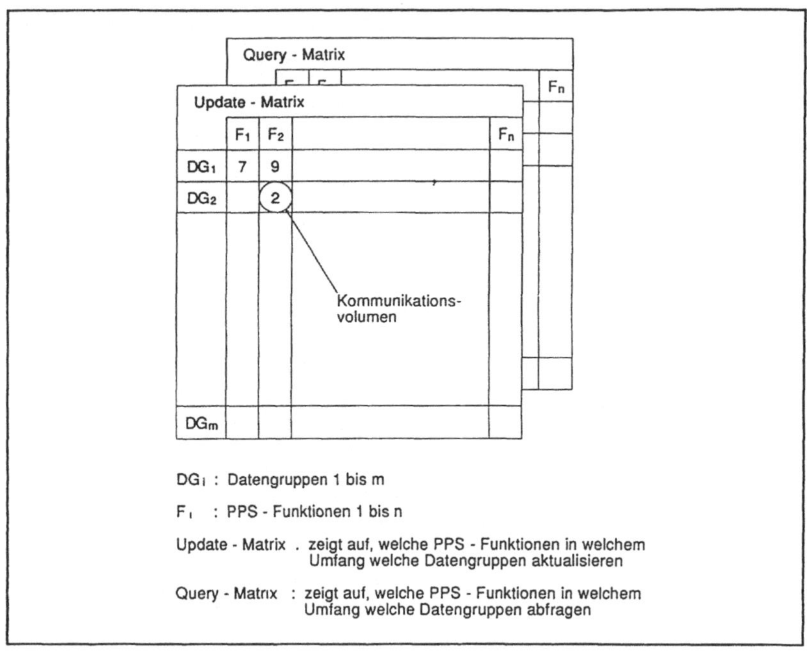

Abb. 3.3: Matrixdarstellung der Beziehungen zwischen Funktionen und Datengruppen [nach NISSING 1982, S. 68]

Die in der Matrix dargestellten Beziehungen zwischen Funktionen und Datengruppen stellen den Ausgangspunkt für die Verteilung der einzelnen Datengruppen auf die Funktionen dar. *"Die Verteilung erfolgt unter Anwendung eines Optimierungsverfahrens. Optimierungsziel ist es, zu einer Verteilung der Datengruppen auf die Funktionen zu gelangen, bei der zwischen den Funktionen das geringste Kommunikationsvolumen ausgetauscht werden muß"* [NISSING 1982, S. 68]. Ergebnis dieser Verteilung sind sogenannte 'Funktions-Datengruppen-Einheiten' ('FDE'), die so gebildet sind, *"daß die ihnen zugeteilten Datengruppen ein Minimum an Kommunikationsvolumen verursachen"* [NISSING 1982, S. 73].

Mittels eines halbautomatischen Verfahrens versucht NISSING nun, die FDE zu Teilsystemen zusammenzufassen und weist darauf hin: *"Wegen der Vielfalt der Einflußfaktoren* (Anmerk. des Verfassers: auf die Optimalität einer Dezentralisierungslösung) *scheidet ein vollautomatisches Verfahren zur Teilsystembildung aus. Es wird deshalb ein halbautomatisches Verfahren entwickelt, in dem die Möglichkeit besteht, verschiedene, manuell unter Berücksichtigung der verschiedenen Zielkriterien gemachte, Dezentralisierungsansätze mit immer dem gleichen Algorithmus auf seine Praktikabilität hin durchzurechnen"* [NISSING 1982, S. 76].

Ausgangspunkt des von NISSING entwickelten halbautomatischen Verfahrens ist eine Bewertung der Dezentralisierungseignung aller betrachteten PPS-Funktionen[1] in den Kategorien 'wenig', 'bedingt', 'gut' und 'sehr gut' dezentralisierungsgeeignet. Die Bewertung der Dezentralisierungseignung erfolgt auf der Basis der vier Kriterien:

- Art der EDV-Unterstützung (Batch-Betrieb / Dialog-Betrieb),
- Herkunft der Eingabedaten (EDV / Arbeitsplatz),
- Verwendungsort der Ausgabedaten und (EDV / Arbeitsplatz),
- Ausführungshäufigkeit [NISSING 1982, S. 76 f.].

Hinsichtlich der Bewertung der einzelnen PPS-Funktionen greift er teilweise auf Erfahrungswerte aus der Literatur zurück. Auf welche Art und Weise die vier Kriterien in das Gesamturteil der Dezentralisierungseignung einfließen, legt NISSING nicht offen.

Aus der Bewertung der Dezentralisierungseignung leitet er zwei Gruppen von PPS-Funktionen ab. Zu der einen Gruppe gehören die PPS-Funktionen mit der höchsten Dezentralisierungseignung ('Kategorie A'). Alle anderen PPS-Funktionen werden der zweiten Gruppe zugeordnet ('Kategorie B'). *"Mit Hilfe eines geeigneten Algorithmus werden nun unter Berücksichtigung des geringsten Kommunikationsvolumens die Funktionen der Kategorie B denen der Kategorie*

---

[1]   Im Gegensatz zu der vorliegenden Arbeit betrachtet NISSING 34 PPS-Funktionen, worunter sich allerdings neun reine Datenverwaltungsfunktionen befinden.

A zugeordnet, und zwar so lange, bis die Menge der Funktionen in Kategorie B leer ist" [NISSING 1982, S. 77]. In Verbindung mit manuellen Veränderungen bzw. Ergänzungen der errechneten Lösungen gelangt NISSING zu Dezentralisierungsvorschlägen.

BURGARD, NISSING verfolgen mit ihrem Dezentralisierungsverfahren ebenfalls das Ziel, *"Teilsysteme zu ermitteln, die ein hohes Maß an Eigenständigkeit aufweisen, d.h. nur in geringem Umfang Kommunikationsbeziehungen aufweisen"* [BURGARD, NISSING 1987, S. 27 ff.]. Die dargestellte Vorgehensweise entspricht weitestgehend der von NISSING gewählten.

KÖHL erarbeitet, ausgehend von der Kritik am Verfahren von NISSING, ein Instrumentarium zur Gestaltung der Datenintegration bei CIM. Dabei stellt sie fest, daß durch die bei NISSING nur einmalig vorgenommene Bildung von Datengruppen nicht sichergestellt werden kann, daß bei der Bildung von Teilsystemen ein minimales Datenaustauschvolumen zwischen den Teilsystemen erreicht wird. *"Steht eine bestimmte Teilsystemkonfiguration fest, sollte jedoch die Datengruppenverteilung erneut vorgenommen werden, da durch Verschiebungen und/oder weitere Redundanzen unter Umständen ein geringeres Datenaustauschvolumen erreicht werden kann, als es das bis dahin vorliegende Ergebnis aufweist"* [KÖHL 1990, S. 47]. Weiterhin weist sie darauf hin, daß die Quantifizierung der Beziehungen zwischen Funktionen und Datengruppen durch das Verfahren von NISSING nicht unterstützt wird. Mit der Behebung dieser beiden Schwachstellen verbessert KÖHL das von NISSING entwickelte Verfahren bedeutend, ohne die grundsätzliche Vorgehensweise in Frage zu stellen.

SCHEER verfolgt in verschiedenen Veröffentlichungen das Ziel, ein dezentrales PPS-System, ähnlich der oben beschriebenen Vorgehensweise, anhand der Datenstrukturen sowie anhand der Hard- und Softwarekomponenten aufzubauen. Ein Ansatz geht von dem Vergleich der Rechnerhierarchie mit der Funktionshierarchie aus [vgl. SCHEER 1986, S. 15]. An anderer Stelle [1988a, S. 14 ff.] greift SCHEER auf das Entity-Relationship-Modell zurück, um Verknüpfungsstrukturen und daraufhin Datenstrukturen darzustellen. Mit der von ihm vertretenen Ansicht, *"daß die funktionsorientierte Modularisierung, wie sie für klassische PPS-Systeme typisch ist, nicht mehr aufrecht erhalten werden kann"*, macht sich SCHEER zum Protagonisten einer rein datenorientierten Betrachtungsweise [SCHEER 1988b, S. 45].

SLONIM [1979, S. 15 ff.] präsentiert ein Verfahren, das auf der Nutzwertanalyse aufbaut. Zunächst werden neben einem zentral organisierten PPS-System zehn unterschiedlich dezentralisierte PPS-Systemtypen dargestellt. Diese zehn Typen unterscheiden sich in datentechnischer und organisatorischer Hinsicht. Nach der Beschreibung der zehn vorgegebenen dezentralisierten PPS-Typen folgt eine Bewertung der verschiedenen Systeme anhand von Kriterien, die in sieben Gruppen eingeteilt worden sind: Operationalisierung, Systemanwendung, Ökonomische Aspekte, Aktualisierung, Datenzugriff, Datenvolumen und Anwenderzahl je Station. Die von SLONIM verwendeten Kriterien sind teils als datenorientiert, teils als funktionsorientiert zu betrachten. Der Ansatzpunkt jedoch, die zehn vorgegebenen Typen, wurde vorwiegend aus einer datenorientierten Betrachtung ermittelt.

Insgesamt kann festgehalten werden, daß alle vorwiegend datenorientierten Verfahren zur Ermittlung von Dezentralisierungsvorschlägen für EDV- bzw. PPS-Systeme die Anwenderorientierung vernachlässigen. Dies rührt daher, daß einem Software-Modul auf der Anwenderseite eine organisatorische Funktion gegenübersteht (vgl. Abb 3.4). Eine solche organisatorische Funktion ist mit einer oder mehreren Personen besetzt und erfüllt eine Reihe von Aufgaben im Rahmen der Auftragsabwicklung im Unternehmen. Eine Zusammenfassung von Software-Modulen aufgrund datenkommunikationstechnischer Überlegungen verursacht zwangsläufig eine Zusammenfassung unterschiedlicher Funktionen und damit ablauforganisatorisch unterschiedlicher Aufgaben in einem EDV-technischem Subsystem. Hieraus resultiert eine Reihe von Nachteilen, die in Abb. 3.4, unten, aufgeführt sind.

Datenorientierte Dezentralisierungsverfahren überbetonen das Problem der Datenkommunikation vor dem Hintergrund der rapiden technischen Entwicklungen auf dem Sektor der Kommunikationstechnik. Es entspricht der an den Unzulänglichkeiten der Technik orientierten und technikzentrierten Betrachtungs-

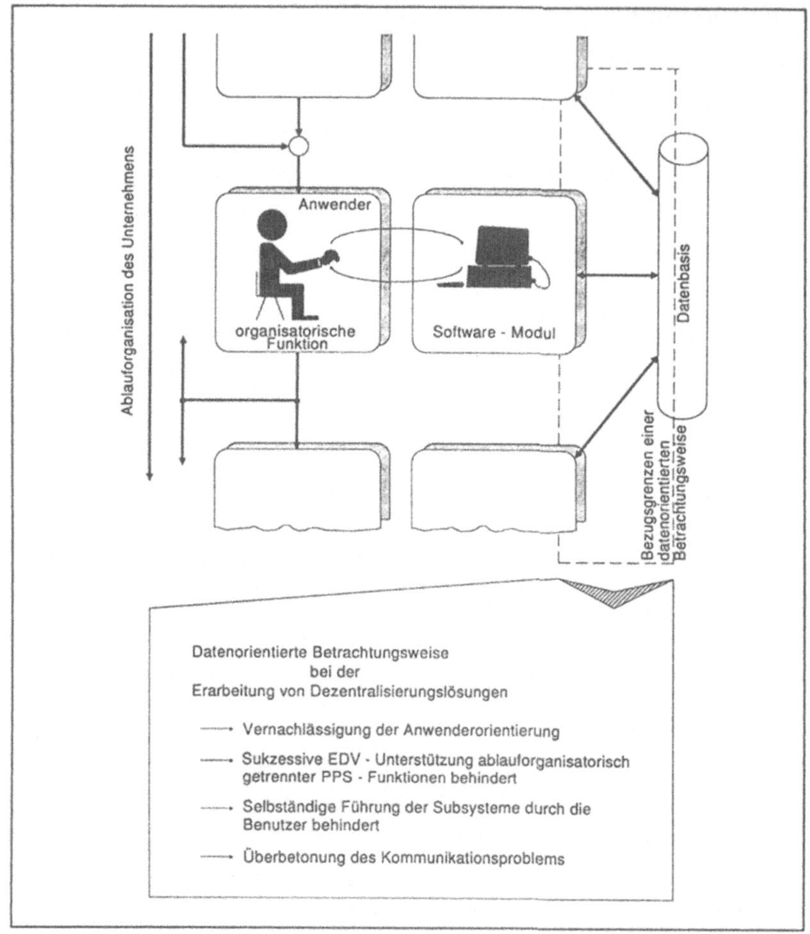

Abb. 3.4: Problematik der datenorientierten Betrachtungsweise bei der Dezentralisierung von PPS-Systemen

weise der 60er und 70er Jahre, den Aspekt der Minimierung der Datenkommunikation bei der Ableitung von Dezentralisierungslösungen in den Vordergrund zu schieben.

3.2 Funktionsorientierte Verfahren zur Dezentralisierung von EDV- bzw. PPS-Systemen

Bei den funktionsorientierten Verfahren zur Dezentralisierung von EDV-beziehungsweise PPS-Systemen stehen nicht, wie bei den datenorientierten Verfahren, die Daten im Vordergrund, sondern die Funktionen, wobei die Daten in ihrer Eigenschaft als Merkmale der einzelnen Funktionen ebenfalls betrachtet werden. "Funktional organisieren" bedeutet[1] *"die von Aktionsträgern zur Lösung von Aufgaben durchzuführenden Verrichtungen zur Grundlage organisatorischer Regelung zu machen"* [LOCHSTAMPFER 1980, Sp. 756]. PPS-Funktionen sind somit nicht nur durch ihre Datenbestände und Datentypen zu beschreiben.

Ein bekanntes funktionsorientiertes Dezentralisierungsverfahren ist jenes von ROCKART [1977]. KRETZSCHMAR und MERTENS [1982], HEINRICH und ROITHMAYR [1985] sowie HEINRICH und LAMPRECHT [1986] behandeln in den angegebenen Publikationen ROCKARTs Verfahren zur Vorbereitung der Zentralisierungs-/Dezentralisierungsentscheidung in der betrieblichen Datenverarbeitung. ROCKARTS Verfahren konzentriert sich nicht auf PPS-Systeme, sondern erhebt den Anspruch, für alle Bereiche der betrieblichen Datenverarbeitung (NC-Programmierung, Bürokommunikation, Dienstleistungen, ...) angewandt werden zu können. Mit Hilfe dieses Verfahrens sollen Entscheidungen über die Dezentralisierung von EDV-Aufgaben (Systementwicklung, Systembetrieb und -management) von Konzern- auf Bereichsebene ebenso gefällt werden können, wie Entscheidungen über die Dezentralisierung von Bereichs- auf Abteilungsebene.

ROCKART zerlegt den Entscheidungsprozeß zur Dezentralisierung der EDV in möglichst kleine, elementare Teilprozesse. Das zur Dezentralisierung anstehende System kann nach drei Aspekten in 'basic-decision-units' eingeteilt werden [vgl. ROCKART, BULLEN, LEVENTER 1977, S. 23 ff.]:

---

[1]   "functio"; lateinisch: Verrichtung, Betätigung

1. Aufteilung nach verschiedenen 'Funktionen' oder Funktionsgruppen mit spezifischen Charakteristika ('logical application groups'),

2. eine Funktion wird hinsichtlich ihrer 'Aufgabenfelder' differenziert (Management, Betrieb, Entwicklung),

3. dieselbe Funktion kann sich auf eine oder mehrere Organisationseinheiten beziehen ('Organisation'). In verschiedenen Einheiten (z.B. Werken) kann eine Funktion unterschiedliche Eigenschaften aufweisen, die zu einer anderen Entscheidung führen.

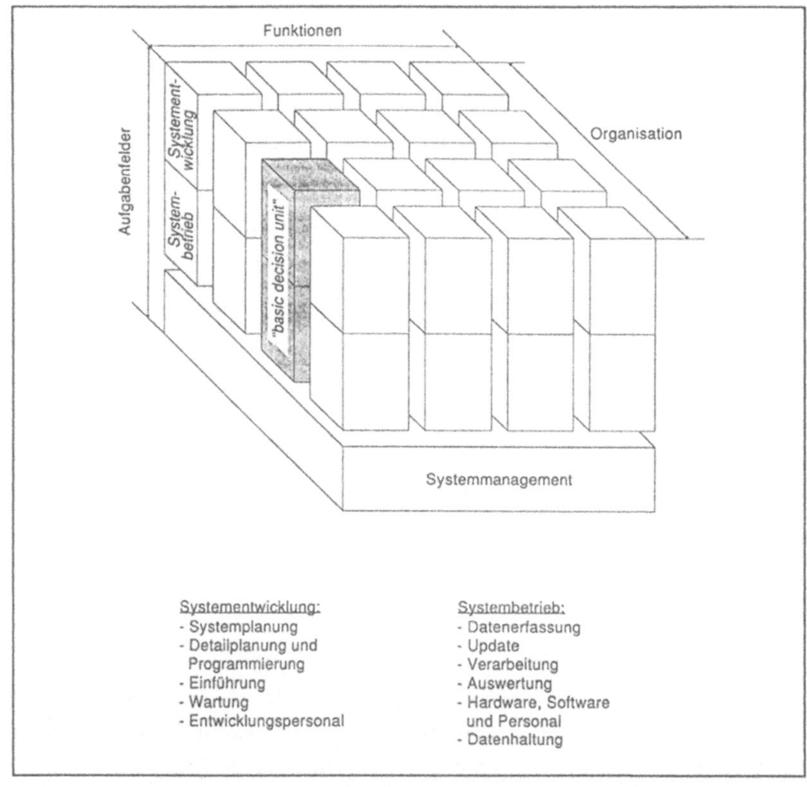

Abb. 3.5: Entscheidungswürfel nach ROCKART (entnommen aus KRETZSCHMAR, MERTENS 1982, S. 239, im Original bei ROCKART, BULLEN, LEVENTER 1977 S. 24)

Ein elementarer Entscheidungprozess bezieht sich immer auf ein Element ('basic decision unit'). Die daraus resultierende Dekomposition der Gesamtentscheidung kann am besten anhand des von ROCKART präsentierten 'Entscheidungswürfels' (vgl. Abb. 3-5) verdeutlicht werden.

Nach der Definition der basic-decision-units sind die anzuwendenden Faktoren und deren Gewichtung ('stark' oder 'schwach') zu bestimmen. ROCKART, BULLEN, LEVENTER erhalten aus empirischen Forschungen drei Gruppen von Einflußfaktoren:

- Faktoren aus der Organisation des Unternehmens,
    (z.B. Dezentralisierungsgrad der Organisation; Einheitlichkeit der Planungs-
    und Steuerungssysteme; Vorhandenes Erfahrungswissen hinsichtlich der
    Datenverarbeitung; usw.)
- Faktoren aus der Organisation des Teilbereichs,
    (z.B. Spezialisierungsgrad einer Aufgabenstellung; schnelles Wachstum des
    organisatorischen Teilbereichs; räumliche Trennung des Teilbereichs; usw.)
- Faktoren aus dem Anforderungsprofil der Anwendung.
    (z.B. kritische Reaktions- oder Antwortzeiten; Komplexität der Anwen-
    dung; Bedarf an umfangreichem Speichervolumen; usw.)

Die Faktoren sind im einzelnen bei ROCKART, BULLEN, LEVENTER [1977, S. 34 ff.] aufgeführt [vgl. auch KRETZSCHMAR, MERTENS 1982, S. 239].

Mit diesen Faktoren wird sodann jede basic-decision-unit auf ihre Dezentralisierungseignung hin untersucht. Anschließend werden mehrere alternative Lösungen generiert und eine davon zur Realisierung ausgewählt. ROCKART betont, daß die Bestimmung der Dezentralisierungseignung einer basic-decision-unit ein subjektiver Prozeß sei. Sein Verfahren führe zu einer besseren Ausgangsposition um eine Entscheidung über die Dezentralisierung zu fällen [ROCKART, BULLEN, LEVENTER 1977, S. 47].

KRETZSCHMAR und MERTENS [1982, S. 250] stellen fest, daß das Verfahren von ROCKART zwar den richtigen Weg weist, müssen aber dennoch schwerwiegende Kritik üben, die hier übernommen werden soll:

1. Die Ergebnisse sind zu grob, so daß keine Rückschlüsse auf die technische Realisierung möglich sind,

2. Die Einflußfaktoren aus den 'empirischen Untersuchungen' sind bezüglich ihrer Wirkung nur schlecht nachprüfbar,

3. Es ist nicht evident, daß Einflußfaktoren der von ROCKART verwendeten Art, die für amerikanische Verhältnisse des Jahres 1977 ermittelt wurden, in die heutige Zeit und in den europäischen Raum übertragen werden können,

4. Die Wirkung der Faktoren auf die einzelnen Teilprozesse ist zu wenig differenzierend, da viele Aufgabenfelder gleich bewertet werden,

5. Die Liste der Einflußfaktoren kann gestrafft und besser skaliert werden.

Diese Kritikpunkte wurden von HEINRICH und ROITHMAYR [1985, S. 37 ff.] in einer angepaßten ROCKART-Version aufgegriffen.

Ein ganz anderes Dezentralisierungsverfahren als ROCKARTs ist von BUCHANAN und LINOWES [1980a und b] entwickelt worden. In diesem Verfahren steht viel weniger die Beurteilung der Dezentralisierungseignung der einzelnen Aufgaben als die vorgegebene Unternehmensstruktur im Vordergrund. Ziel ist es, die Datenverarbeitung optimal an die Unternehmensstruktur anzupassen, woraus sich automatisch die günstigste Verteilungsform der EDV ergeben soll.

In einem ersten Schritt werden die Aufgaben (Entwicklungs- und Betriebsaufgaben) der Datenverarbeitung, getrennt nach Leitungs- und Ausführungsfunktionen, beschrieben. Nach BUCHANAN [1980 b, S. 143] wird die Dezentralisierung vor allem durch den Grad der Verantwortung für die Informationsverarbeitung bestimmt. Durch BUCHANANs Beispiele [1980 b, S. 157] wird besonders deutlich, wie sehr dieser Verantwortungsgrad von Betriebstypen, Aufgabenfeldern und 'Firmenphilosophien' abhängt. Je nachdem, welcher Verantwortungsgrad einer Aufgabe zugemessen wird, kann nach BUCHANAN [1980 b, S. 151 f.] die Dezentralisierungseignung einer Funktion 'gesetzt' werden. Die Dezentralisierung einer einzelnen Funktion wird somit zunächst als Wunsch- oder Zielvorgabe, die aus der Organisation des Unternehmens resultiert, festgelegt.

Die Umsetzung dieser Zielvorgaben erfolgt mit Hilfe einer Auswertungsgraphik, wie sie in <u>Abb. 3.6</u> wiedergegeben wird.

Die schmalen schwarzen Balken stellen den festgesetzten Dezentralisierungsgrad einzelner Teilaufgaben dar. Wie in Abb. 3.6 zu sehen ist, werden jeweils die Teilaufgaben mit dem maximalen und dem minimalen Dezentralisierungsgrad zur Konstruktion der kleinen Rechtecke (in der Mitte der Abbildung) herangezogen. Die Lage dieser Rechtecke zu der diagonal verlaufenden 'Dezentralisierungslinie' gibt Auskunft darüber, wie die Benutzermitwirkung bei Systementwicklung und Systembetrieb sein sollte. *"Je weiter die von diesem Rechteck ausgehende Lotgerade auf die Dezentralisierungslinie vom Ursprung entfernt ist, desto ausgeprägter sollte die Benutzermitwirkung sein"* [KRETZSCHMAR, MERTENS 1982, S. 243].

KRETZSCHMAR und MERTENS [1982, S. 251] setzen mit der Kritik an diesem Verfahren vor allem bei der stark subjektiven Festlegung der Dezentralisierungseignung an. Weiterhin verweisen sie auf die mangelnde Unterscheidungsmöglichkeit bezüglich der Bedeutung unterschiedlicher Funktionen sowie auf die ungenaue Formulierung der Ergebnisse ('Benutzermitwirkung'?). Insgesamt gesehen weist das Verfahren von BUCHANAN und LINOWES in die richtige Richtung und bietet einen interessenten Lösungsansatz.

Im folgenden sei noch kurz auf weitere Autoren hingewiesen, die weitere Verfahren bzw. Aspekte der Dezentralisierung von PPS-Systemen ansprechen.

Bei der von DOUMEINGTS [1985] vorgestellten GRAI Methode[1] verläuft die Dezentralisierung in zwei Stufen: Zuerst wird ein zu dezentralisierendes

---

[1]   Graphs with Results and Activities Interrelated

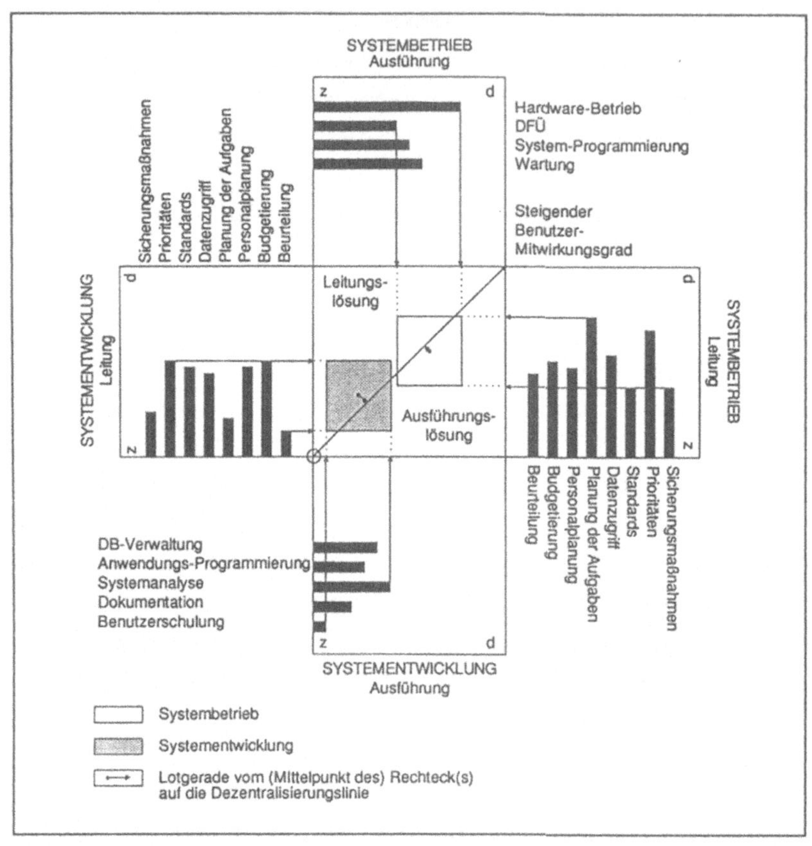

Abb. 3.6: Lageplan der Aufgabenfelder [entnommen aus KRETZSCHMAR, MERTENS 1982, S. 244; Original bei BUCHANAN 1980b, S. 155]

System in einer Makrostruktur dargestellt. Diese beschreibt die globale Struktur des betrachteten Systems und die Beziehungen zwischen den einzelnen System-komponenten. Diese Makrostruktur wird auf der Basis von drei Kriterien aufgespalten [vgl. DOUMEINGTS 1985, S. 510 f.]:

- Art der Aktivität
    (Information / Entscheidung / Ausführung),

- zeitliche Aspekte der Entscheidungsfindung

  (Zeitraum der Gültigkeit von Entscheidungen / Zeitdauer bis zur erneuten

  Überprüfung von Entscheidungen),

- funktionale Struktur der Entscheidungsaktivitäten.

Im zweiten Schritt werden die Teilsysteme der Makrostruktur mit Hilfe eines iterativen Verfahrens hinsichtlich der Entscheidungsprozesse genauer analysiert ('Mikrostruktur') und auf diese Weise eine Dezentralisierungslösung erarbeitet.

MERTENS und WEIGAND [1981] vergleichen sieben verschiedene Organisationsformen nach den Kriteriengruppen Hardware, Software, Benutzeraspekte und Management in einer Nutzwertanalyse.

KRONEBERG [1988, S. 7] verfährt bei der Dezentralisierung nach zwei Kriteriengruppen (einer 'sachlich-horizontalen' und einer 'zeitlich-vertikalen'), die er jeder Funktion zumißt.

Funktionsorientierte Verfahren zur Dezentralisierung von EDV- bzw. PPS-Systemen berücksichtigen stärker als datenorientierte Verfahren die organisatorische Seite eines Aufgabenerfüllungsprozesses im Unternehmen. Somit ist eine Berücksichtigung der Belange der Anwender besser möglich. Die vorausgehende Darstellung wichtiger, funktionsorientierter Verfahren macht jedoch deutlich, daß die Ergebnisse selbst und deren Nachvollziehbarkeit entscheidend

1. von der Art der Kriterien, die zur Beurteilung der Dezentralisierungseignung herangezogenen werden,

2. von der Operationalisierung dieser Kriterien und

3. von der Nachvollziehbarkeit der Schlußfolgerung aus diesen Kriterien

abhängen. Diese drei Forderungen, von denen die Qualität der Ergebnisse entscheidend abhängt, werden von den bestehenden Verfahren nur teilweise berücksichtigt.

Daraus ergeben sich drei Gründe für ein neues Verfahren zur Ableitung anwenderorientierter Dezentralisierungskonzepte für PPS-Systeme:

1. Kriterien, die nicht für die Dezentralisierung von PPS-Systemen entwickelt wurden, sondern sich auf EDV-Systeme allgemein beziehen, ist besondere Vorsicht entgegenzubringen. Sie müssen erst auf ihre Entscheidungsrelevanz bei der Dezentralisierung von PPS-Systemen überprüft werden. Weiterhin muß die Zahl der Kriterien übersichtlich gehalten werden, um die Nachvollziehbarkeit zu gewährleisten.

2. Die Operationalisierung der angewandten Kriterien ist bei den bestehenden Verfahren meist nur grob vorgenommen worden und teilweise überhaupt nicht dokumentiert.

3. Einige der bestehenden Verfahren zur Dezentralisierung von PPS-Systemen legen nicht dar, auf welche Weise aus den Bewertungskriterien ein Dezentralisierungsvorschlag bzw. die Bewertung einer Dezentralisierungseignung erfolgt.

Der Vollständigkeit halber sei abschließend auf das ESPRIT[1]-Projekt AMICE[2] hingewiesen, in dem das Konzept für eine offene CIM-System-Architektur erarbeitet wird (CIM-OSA[3]). Hiermit soll eine Methodologie zur Verfügung gestellt werden, die ein Unternehmen in allen Phasen der Erstellung eines unternehmensspezifischen CIM-Systems unterstützt. Mit Hilfe dieser Methodologie soll ein Unternehmen in die Lage versetzt werden, zuerst ein exaktes Konzept seines CIM-Systems zu entwickeln und dieses Konzept sodann in ein reales CIM-System zu überführen [JORYSZ, VERNADAT 1990, S. 144].

---

[1] "European Support Program for the Research in Information Technology"; Internationales Forschungsprogramm der Kommission der europäischen Gemeinschaften

[2] "European Computer Integrated Manufacturing Archictecture"

[3] "CIM-Open Systems Architecture"

CIM-OSA sieht bei der Konzeption von CIM-Systemen vier Betrachtungsweisen vor: Funktionen, Informationen, Ressourcen und Organisation. Von besonderem Interesse für die vorliegende Arbeit ist die Betrachtungsweise der Funktionen ("function view"). Der Function view beschreibt Struktur, Inhalt, Verhalten, Regelungsprozesse und Funktionalität eines Unternehmens oder Unternehmens-Teilbereiches. Die Grundelemente des Function view sind Fachbereiche ("domains"), Geschäftsprozesse ("business processes"), Unternehmensaktivitäten ("enterprise activities") und funktionale Abläufe ("functional operations") [JORYSZ, VERNADAT 1990, S. 150].

Der Function view bietet hiermit Hilfe bei der funktionalen Strukturierung eines Unternehmens oder seiner Teilbereiche. Die Dezentralisierung der EDV-Systeme eines Unternehmens oder seiner Teilbereiche steht somit nicht im Vordergrund. Sofern es im Function view jedoch gelingt, präzise Geschäftsprozesse zu definieren, so wäre mit einem solchen Geschäftsprozess auch ein konkretes Subsystem eines Gesamtsystems und damit eine dezentrale Einheit beschrieben.

4. Darstellung des Verfahrens zur anwenderorientierten Dezentralisierung von PPS-Systemen

Bevor das Verfahren zur anwenderorientierten Dezentralisierung von PPS-Systemen dargestellt wird, sollen nachfolgend die aus dem Stand der Forschung resultierenden, Anforderungen an ein solches Verfahren dargestellt werden.

4.1 Anforderungen an ein Verfahren zur anwenderorientierten Dezentralisierung von PPS-Systemen

Eine anwenderorientierte Dezentralisierung stellt eine Form der organisatorischen Gestaltung eines PPS-Systems dar. Das Problem bei der organisatorischen Gestaltung eines PPS-Systems liegt in der Komplexität der Produktionsplanung und Produktionssteuerung mit ihren teilweise gegenläufigen Zielvorstellungen begründet. Nach DOUMEINGTS [1985, S. 501 ff.] sind bei der organisatorischen Gestaltung eines PPS-Systems folgende fünf Punkte unbedingt zu beachten:

1. Das Organisationsobjekt (PPS) beinhaltet technische, wirtschaftliche, soziale und menschliche Aspekte, deren harmonische Integration Aufgabe der Organisation der PPS ist.

2. Die PPS ist kein abgeschlossenes System mit konstanten Systemgrenzen, sondern ein offenes System, das sich weiterentwickelt und durch externe Faktoren stark beeinflußt wird.

3. Ein PPS-System wird von einer Dynamik (verschiedene Funktionen und Ziele gewinnen oder verlieren im Lauf der Zeit an Bedeutung) bestimmt, die das Anwenden einfacher Schemata auf Dauer ausschließt.

4.   Alle technischen Ergebnisse des Systems bedürfen einer Interpretation durch den Menschen. Um dies zu ermöglichen, muß das angestrebte PPS-System entsprechend anwenderorientiert ausgelegt sein.

5.   Die Betrachtung der einzelnen Funktionen sowie der einzelnen organisatorischen Ziele einer PPS reicht nicht aus, um zu einer optimalen organisatorischen Lösung zu gelangen, die alle Zielsetzungen eines Unternehmens berücksichtigt. Vielmehr ist eine Abwägung unterschiedlicher Lösungsalternativen notwendig.

Diese Anforderungen an die organisatorische Gestaltung der PPS können nicht von formalen, rein algorithmisch arbeitenden Verfahren erbracht werden. Es besteht vielmehr die Forderung, ein Verfahren zur Dezentralisierung von PPS-Systemen zu entwickeln, welches nicht auf der Basis datentechnischer Optimierungen, sondern unter Berücksichtigung der Belange späterer Anwender zu Dezentralisierungsvorschlägen gelangt. Darüber hinaus soll das Verfahren die einzelnen Entscheidungsschritte vorbereiten und dem Anwender zur endgültigen Entscheidung unterbreiten. Hierbei kann es sich aufgrund der Ausführungen im vorausgehenden Kapitel nur um ein funktionsorientiertes Verfahren handeln.

KÖHL [1990, S. 33] stellt fest: *"Grundsätzlich bieten sich zwei Strategien zur Entwicklung dezentraler Strukturen an. Zum einen ist es möglich, von der Modellvorstellung auszugehen, daß aus einem zentralen System 'schwach gebundene' Elemente abgespalten werden, zum anderen ist es denkbar, im Modell zunächst eine völlige Dezentralisierung aller Elemente anzunehmen, aus denen 'stark gebundene' Elemente zusammengefaßt werden."*

Bestehende Verfahren wählen im allgemeinen entweder die eine oder die andere Vorgehensweise; entsprechend sind die zur Anwendung kommenden Kriterien zur Beurteilung der Dezentralisierungseignung ausgerichtet. Bei Verfahren, die aus einem Zentralsystem Elemente abspalten, beurteilen die eingesetzten Kriterien die Eignung der Elemente zur Abspaltung. Solche Kritierien seien zukünftig als '**Abspaltungskriterien**' bezeichnet. Die umgekehrte Sichtweise haben Kriterien, die bei Verfahren verwendet werden, bei denen

Einzelelemente zusammengefügt werden. Hier wird die Eignung der Elemente zur Gruppierung beurteilt, weshalb sie im folgenden als 'Gruppierungskriterien' angesprochen werden sollen.

Berücksichtigt man, daß unter einem dezentralisierten PPS-System ein System zu verstehen ist, welches aus einem Zentral- und einem oder mehreren Subsystemen besteht, wird deutlich, daß die alleinige Anwendung von Abspaltungs- oder Gruppierungskriterien nicht ausreicht, um zu einer vollständigen Dezentralisierungslösung zu gelangen. Die alleinige Anwendung von Abspaltungskriterien führt zwar zu einem optimierten Zentralsystem, erlaubt jedoch keine Aussage über die geeignete Bildung von Subsystemen. Umgekehrt ergibt sich aus der Anwendung von Gruppierungskriterien kein Zentralsystem, sondern lediglich Subsysteme.

Die bestehenden Verfahren zur Dezentralisierung von EDV- bzw. PPS-Systemen umgehen diese Problematik auf drei Wegen. Entweder sie legen mit Hilfe der Kriterien nur einen Teil des Weges zur Dezentralisierungslösung zurück, oder sie spalten, bei der Verwendung von Abspaltungskriterien, in mehreren Stufen ab bzw. erklären bei der Verwendung von Gruppierungskriterien eines der erarbeiteten Subsysteme zum Zentralsystem.

Um diese drei Auswege und eine einseitige Betrachtungsweise zu vermeiden, muß ein Verfahren zur Ermittlung von Dezentralisierungslösungen für PPS-Systeme sowohl Abspaltungs- als auch Gruppierungskriterien berücksichtigen.

Letztlich sind die aus zwei Forschungsprojekten [FÖRSTER, ESSER, KEMMNER 1989; KÖHL, ESSER, KEMMNER, FÖRSTER 1989] resultierenden und in <u>Abb. 4.1</u> als Leitlinien aufgeführten Erkenntnisse für eine anwenderorientierte Dezentralisierung von PPS-Systemen im Rahmen der Abspaltung und Gruppierung zu beachten.

Auf der Basis der dargestellten Anforderungen muß das Entwicklungsziel ein Verfahren zur anwenderorientierten Dezentralisierung von PPS-Systemen sein, welches möglichst flexibel einsetzbar ist und gegebene betriebliche Organisationsstrukturen berücksichtigt. Es soll den beschriebenen Anforderungen und Zielen der PPS gerecht werden und die Dezentralisierung der PPS durch möglichst konkrete Ergebnisse fördern. Die Ergebnisse sollen mit einem möglichst geringen Aufwand erarbeitet werden können.

Leitlinien für eine anwenderorientierte Dezentralisierung von PPS - Systemen

① - Die Dezentralisierung der PPS muß an den Unternehmenszielen orientiert sein und zu einer Effizienzsteigerung führen.

② - Die Dezentralisierung der PPS muß sich an der Auftragsabwicklung orientieren.

③ - Dezentralisierung der dispositiven Kompetenzen sollte angestrebt werden.

④ - Aufgaben sollten möglichst dort abgewickelt werden, wo das entsprechende Know - how besteht.

⑤ - Subsysteme sollten möglichst "vor Ort" installiert werden können.

⑥ - Die PPS - Funktionen eines Subsystems sollten derart zusammengefaßt sein, daß ein Anwender nach entsprechender Qualifizierung möglichst alle PPS - Funktionen bedienen kann.

Abb. 4.1: Leitlinien für die Dezentralisierung von PPS-Systemen

Das Verfahren soll vor allem zu anwenderorientierten Dezentralisierungslösungen führen. Aus diesem Grunde steht die funktionale Betrachtungsweise im Vordergrund. Als Betrachtungsobjekte des Verfahrens werden somit die einzelnen PPS-Funktionen mit allen ihren Eigenschaften (Merkmalen) herangezogen. Dabei werden weniger datentechnische als funktionale Merkmale berücksichtigt. Das Verfahren soll eine segmentive Dezentralisierung unterstützen. Unbenommen hiervon können im unternehmensspezifischen Fall gebildete Subsysteme mit gleichem Funktionsumfang mehrfach installiert werden (multiplikative Dezentralisierung), doch soll die multiplikative Dezentralisierung im Rahmen des Verfahrens nicht betrachtet werden.

Das auf diesen Forderungen aufbauende und im folgenden dargestellte Verfahren zur anwendungsorientierten Dezentralisierung von PPS-Systemen ist durch folgende vier Elemente gekennzeichnet (vgl. Abb. 4.2):

1. **Abspaltung** der PPS-Funktionen mit relativ großer Dezentralisierungseignung aus einem hypothetischen Zentralsystem, welches alle zu betrachtenden PPS-Funktionen enthält.

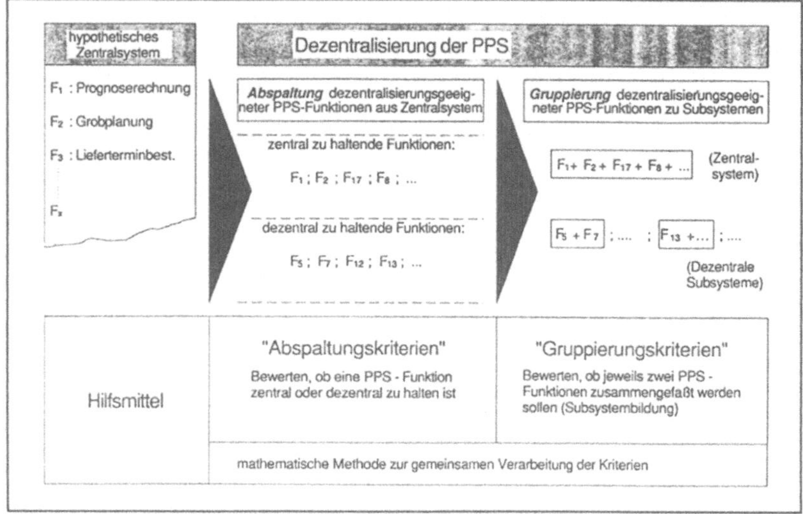

Abb. 4.2: Verfahrenselemente des vorgeschlagenen Dezentralisierungsverfahrens

In der Folge ergibt sich ein reduziertes Zentralsystem, das sich aus den PPS-Funktionen niedrigster Dezentralisierungseignung zusammensetzt sowie eine Anzahl, vom Zentralsystem abgespalteter, dezentral gehaltener PPS-Funktionen.

Die Vorgehensweise bei der Abspaltung von PPS-Funktionen wird in Kapitel 4.3 genauer beschrieben.

2. **Gruppierung** der einzelnen, abgespalteten PPS-Funktionen zu Subsystemen.

Ein Subsystem kann dabei aus einer unterschiedlichen Anzahl von PPS-Funktionen bestehen, die aus anwenderorientierter Sicht paarweise zusammenpassen.

Kapitel 4.4 stellt die Vorgehensweise bei der Gruppierung der abgespalteten PPS-Funktionen zu Subsystemen dar.

3. Verwendung von **Dezentralisierungskriterien**[1] zur Beurteilung der PPS-Funktionen hinsichtlich ihrer Eignung zur Abspaltung und Gruppierung.

Die Dezentralisierungskriterien berücksichtigen bei der Beurteilung der Abspaltungs- bzw. Gruppierungseignung vor allem die Belange der PPS-Anwender.

Erarbeitung und Erläuterung der Dezentralisierungskriterien sind Kapitel 5 vorbehalten.

4. Einsatz einer **mathematischen Methode** zur Verarbeitung der Kriterien.

Die zur Anwendung kommende mathematische Methode ist von entscheidender Bedeutung für das Verfahren, da sich die zum Einsatz kommende mathematische Methode und die Formulierung der Kriterien gegenseitig beeinflussen. So gibt es mathematische Methoden, die Abhängigkeiten zwischen Beurteilungskriterien oder Reihenfolgen bei der Anwendung von Beurteilungskriterien berücksichtigen, beispielsweise Verzweigungsbaum-Verfahren. Andere mathematische Methoden erfordern hingegen Unabhängigkeit zwischen den eingesetzten Beurteilungskriterien.

Auswahl und Erläuterung der eingesetzten mathematischen Methode erfolgen in Kapitel 4.2.

4.2 Anwendung der PROMETHEE-Methode zur Beurteilung von Dezentralisierungsalternativen

4.2.1 Vorstellung mathematischer Methoden

An eine mathematische Methode, die im Rahmen eines Verfahrens zur Ableitung anwenderorientierter Dezentralisierungskonzepte eingesetzt wird, sind die folgenden Anforderungen zu stellen:

---

[1] Der Begriff 'Dezentralisierungskriterien' wird nachfolgend als Überbegriff für Abspaltungs- und Gruppierungskriterien verwendet.

- sie muß bei den durchzuführenden Abspaltungs- und Gruppierungsvorgängen Hilfestellung bei der Beurteilung der Abspaltungs- bzw. Gruppierungseignung von PPS-Funktionen geben, indem sie eine Rangreihe der Abspaltungs- bzw. Gruppierungseignung erstellt,
- sie muß in der Lage sein, die Abspaltungs- bzw. Gruppierungseignung von PPS-Funktionen anhand einer begrenzten Anzahl von Beurteilungskriterien zu bewerten.

Im Rahmen des Operations Research wurden eine Reihe von Methoden entwickelt, die diese Anforderungen erfüllen und dem Bereich der 'Multi Criteria Decision Analysis' (MCDA) zugerechnet werden. Solche multikriteriellen Entscheidungsmethoden werden häufig in multiobjektive[1] und multiattributive Methoden eingeteilt.

Unter 'Attributen' werden physikalische oder physiologische Charakteristika verstanden, die durch eine objektive Bemessung (Leistung, Länge, Farbe,...) ermittelt werden können. 'Zielsetzungen' sind subjektiven Ursprungs und nicht unbedingt innere Eigenschaften. ZELENY [1982, S. 155] stellt fest, daß sie in gewisser Weise von außen (Sicherheit, Prestige, Image, ...) induziert sind, obwohl sie von den Attributen stark beeinflußt werden.

Ein Attribut wird zu einer Zielsetzung, wenn ihm ein Zweck oder eine Richtung, in welche es sich verbessert, zugewiesen wird:

"To maximize horsepower is an objective, a direction of search related to the attribute horsepower" [ZELENY 1982, S. 16].

Die Maximierung oder Minimierung eines Attributes stellt somit eine Zielsetzung dar. Zielsetzungen können auch durch Aggregation mehrerer Attribute entstehen.

Ein weiterer Unterschied zwischen multiattributiven und multiobjektiven Methoden ist darin zu sehen, daß multiattributive Methoden eine begrenzte Anzahl von Alternativen berücksichtigen, im Gegensatz zu multiobjektiven

---

[1]   "objective": engl.: Zielsetzung

Methoden, die auch kontinuierliche Aktionen betrachten können [vgl. MARE-SCHAL 1987, S. 178].

Im vorliegenden Anwendungsfall steht eine begrenzte Anzahl von Alternativen zur Beurteilung an. Diese Beurteilung soll anhand von zu minimierenden oder zu maximierenden Kriterien erfolgen. Es kommen somit multiattributive Entscheidungsmethoden für die Anwendung in Frage. Zu den multiattributiven Methoden zählen die Aggregationsmethoden und die Outrankingmethoden.

Aggregationsmethoden fassen ein multikriterielles Problem der Form

$$\text{Max } \{f_1(a), f_2(a), f_3(a), ..., f_n(a) \mid a \in A \} \tag{4.2-1}$$

in ein einzelkriterielles Problem folgender Form zusammen:

$$\text{Max } \{ F(a) \mid a \in A \}. \tag{4.2-2}$$

Hierbei stellt A die Menge der Alternativen a dar.

F(a) hat meist folgende Form:

$$F(a) = \sum_{j=1}^{n} L_j \cdot u_j(f(a)) \tag{4.2-3}$$

mit dem Gewichtungsfaktor L_j ($L_j > 0$) und der Nutzenfunktion u_j bezüglich des Kriteriums f_j für $j = 1,..., n$ [vgl. MARESCHAL 1987, S. 178]. Die Rangfolge der Alternativen ergibt sich somit aus den gewichteten Nutzen. F(a) wird deshalb als 'additiver Präferenzindex' bezeichnet [SCHNEEWEIß 1990, S. 14]. Allgemein bekannt sind Methoden dieser Art unter dem Begriff der Nutzwertanalyse[1].

---

[1] Im internationalen Sprachgebrauch wird die Nutzwertanalyse auch als "Scoringmodell" bezeichnet

Outrankingmethoden (deutsch: Prävalenzrelationsmethoden[1], französisch: Méthodes de surclassement) beruhen auf dem Prinzip des paarweisen Vergleichs zweier Handlungsalternativen. Hierzu werden 'Prävalenzrelationen' gebildet, die durch Hypothesen über die Präferenzvorstellungen eines Entscheidungsträgers entstehen. Ein Vorteil dieser Methoden liegt in dem, im Vergleich zu anderen Verfahren geringen Informationsbedarf des Entscheidungsträgers begründet [vgl. ROY 1980, S. 465].

Vorläufer der Outranking-Methoden sind in den Verfahren von BORDA [1781] und CONDORCET [1785] aus der Mitte des 18. Jahrhunderts zu sehen:

Bei der Auswahl von Kandidaten nach Gutachterbewertungen schlug Condorcet den paarweisen Vergleich zwischen diesen Kandidaten vor. Nach dieser Methode wird ein Kandidat gegenüber einem anderen bevorzugt, wenn er von der Mehrzahl der Gutachter bevorzugt wird. Angenommen $N(a_k,a_l)$ ist die Anzahl der Gutachter, die Kandidat a_k vor Kandidat a_l präferieren und $r_j(a_k)$ stellt den Rang eines Kandidaten a_k dar, der ihm vom j-ten Gutachter zugewiesen wird. Dann gilt:

$$N(a_k,a_l) = \{ \; j \in \{1, 2, 3, ..., n\} \mid r_j(a_k) < r_j(a_l)\}. \tag{4.2-4}$$

Es wird Kandidat a_k vor Kandidat a_l präferiert, falls:

$$N(a_k,a_l) > N(a_l,a_k) \tag{4.2-5}$$

[MARESCHAL 1987, S. 186 f.].

BORDA [1781] schlägt vor, die Kandidaten nach der Summe der Ränge zu ordnen, die ihnen die einzelnen Gutachter zuordnen. Es wird a_k vor a_l präferiert, falls gilt:

$$\sum_{j=1}^{n} r_j(a_k) < \sum_{j=1}^{n} r_j(a_l) \tag{4.2-6}$$

---

[1]   'Prävalenz': Überlegenheit

Diese Methode ist einer additiven Nutzwertmethode mit Verwendung gleicher Gewichtungen ähnlich [vgl. MARESCHAL 1987, S. 185]. Konkretisiert hat sich dieser Ansatz zunächst mit dem Erscheinen der ELECTRE-Methode gegen Ende der 60er Jahre [vgl. ROY/BERTIER 1973, S. 291 ff.; ROY/VINCKE/BRANS 1975, S. 23 ff.].

Die ELECTRE-Methode verwendet ebenfalls keine Gewichtungen, sondern legt den Kriterien einige Restriktionen bezüglich ihrer relativen Bedeutung auf. Andere Methoden verwenden allgemeinere binäre Aussagen über Präferenzen zwischen den Kriterien. Somit ist nicht zu quantifizieren, wie viel wichtiger ein Kriterium als das andere ist. Diese Methoden eliminieren das Problem der Gewichtung und führen so zu einer weniger realistischen und weniger relevanten Entscheidungshilfe [vgl. MARESCHAL 1988, S. 54 ff.].

Die Verwendung von Gewichtungen ermöglicht es, die angewandte mathematische Methode dem realen Problem besser anzunähern. Der Einsatz von Gewichtungen stellt somit eine weitere Anforderung an die hier zur Anwendung kommende Methode dar.

4.2.2 Auswahl der PROMETHEE-Methode

Eine Outranking-Methode, die mit Gewichtungsfaktoren für die einzelnen Bewertungskriterien arbeitet und für die vorliegende Aufgabenstellung geeignet ist, stellt die PROMETHEE-Methode[1] dar.

MARESCHAL [1987, S. 178] beschreibt die entscheidenden Vorteile der PROMETHEE-Methode gegenüber Aggregationsverfahren wie folgt: Die Dominanzrelation der Aggregationsverfahren *"wird erweitert in eine Prävalenzrelation, die zwar nicht unbedingt transitiv ist, aber besser die Präferenzen des Entscheidungsträgers und Unvergleichbarkeiten wiedergibt. Die Prävalenzrelation ist mit Hilfe eines paarweisen Vergleichs aufgebaut und nutzt in optimaler Weise*

---

[1]   Preference Ranking Organization Method for Enrichment Evaluations

die vorhandenen Informationen bezüglich der Präferenzen des Entscheidungsträgers".

Im folgenden soll die PROMETHEE-Methode genauer dargestellt werden:

Die PROMETHEE-Methode bewertet Multikriteria-Probleme der üblichen Form

$$\text{Max} \ \{ \ f_1(a), \ f_2(a), \ f_3(a), \ ..., \ f_n(a) \ | \quad a \in A \ \}, \tag{4.2-7}$$

wobei A die Menge der möglichen Alternativen a ('actions') darstellt und $f_j(a)$ die Bewertungskriterien, um die optimale Alternative auszuwählen.

Die klassische Dominanzbeziehung D dieses Multikriteriaansatzes lautet:

$$a_k \ D \ a_l, \quad \text{falls} \quad \left\{ \begin{array}{l} f_j(a_k) \geq f_j(a_l) \quad \text{für alle} \quad j = 1,..., n \\ \text{und es gibt ein} \quad h \ | \ f_h(a_k) \ > \ f_h(a_l) \end{array} \right. \tag{4.2-8}$$

Das bedeutet, daß a_k bezüglich sämtlicher Kriterien mindestens genauso gut ist wie a_l, aber in einem Kriterium a_l übertrifft. Die Alternative a_k wird in diesem Falle als 'effiziente' Alternative bezeichnet.

Dieser klassische Ansatz ist Gegenstand vielfältiger Kritik. Er spiegelt weder Wahrnehmungsschwellen wieder, noch Beurteilungsabstufungen. Der Entscheidungsträger steht oft vor einer komplexen Entscheidungssituation, die Bewertungskriterien sind schwierig auszuwählen und zu formulieren; es ist kaum zu erwarten, daß Kriterien derart scharf formuliert werden können, daß die Alternativen diese klassische Dominanzforderung erfüllen. In diesem Zusammenhang erscheint es gerechtfertigt, die Formulierung von effizienten Alternativen abzulehnen.

Die von BRANS entwickelte PROMETHEE-Methode wird den obigen Forderungen nach Gewichtung der Kriterien und Verzicht auf die Forderung effizienter Alternativen gerecht [BRANS/MARESCHAL/VINCKE 1984, S. 478 ff.; BRANS/VINCKE 1985, S. 647-656]. Die PROMETHEE-Methode führt einen paarweisen Vergleich der Alternativen hinsichtlich aller Kriterien durch:

Für jede Alternative $a_i \in A$ ist $f_j(a_i)$ eine Ausprägung des Bewertungskriteriums f_j. Mittels einer für jedes Kriterium typischen **Präferenzfunktion** $P_j(a_k, a_l)$ werden zwei Alternativen a_k und a_l verglichen.

$P_j(a_k, a_l)$ beschreibt das Maß der Präferenz der Alternative a_k gegenüber der Alternative a_l bezüglich eines Bewertungskriteriums f_j und kann Zahlenwerte zwischen

$$0 \leq P_j(a_k, a_l) \leq 1 \qquad (4.2\text{-}9)$$

annehmen [vgl. BRANS o.J., S. 42].

Das Maß der Präferenz einer Alternative a_k gegenüber einer Alternative a_l bezüglich eines Bewertungskriteriums f_j wird in Abhängigkeit von der Differenz d der Kriterienausprägungen

$$d = f_j(a_k) - f_j(a_l) \qquad (4.2\text{-}10)$$

bestimmt. Für zu maximierende Kriterien bewirkt nur eine positive Differenz d eine Präferenz ungleich Null. Bei Minimierungsproblemen ergeben sich Präferenzen ungleich Null für negative Differenzen d. Hier existiert eine Präferenz von Alternative a_k über Alternative a_l, falls die Alternative a_l die Alternative a_k in der betrachteten Merkmalsausprägung übertrifft ($f_j(a_l) > f_j(a_k)$ oder $d < 0$).

Die PROMETHEE-Methode sieht sechs verschiedene Verläufe für Präferenzfunktionen vor. In Abb. 4.3 sind die Präferenzfunktionen $H(d)$ zusammengestellt, die aus einer Spiegelung der Präferenzfunktionen $P_j(a_k, a_l)$ an der Ordinate hervorgehen. Es gilt der Zusammenhang:

$$H(d) = P_j(a_k, a_l) \text{ für } d \geq 0 \qquad (4.2\text{-}11)$$
$$H(d) = P_j(a_l, a_k) \text{ für } d \leq 0 \qquad (4.2\text{-}12)$$

Die einfachste Präferenzfunktion stellt der 'klassische Sprung' (Typ I) dar. Sobald eine Differenz in der Kriterienausprägung $d > 0$ erreicht wird, springt die Präferenzfunktion $P_j(a_k, a_l)$ von '0' auf '1'. Der Betrag der Differenz d hat keinen Einfluß auf die Höhe der Präferenz. Die Präferenzfunktion beim 'verzögerten Sprung' (Typ II) springt nach einem Indifferenzintervall $(0; q_j)$ von '0' auf '1'. Im

Präferenzkriterien	Präferenzfunktion	festzulegende Parameter
Typ I: klassischer Sprung $H(d) = \begin{cases} 0 & ; \ d=0 \\ 1 & ; \ \lvert d \rvert > 0 \end{cases}$	$H(d)$ über d	---
Typ II: verzögerter Sprung $H(d) = \begin{cases} 0 & ; \ \lvert d \rvert \leq q_j \\ 1 & ; \ \lvert d \rvert > q_j \end{cases}$	$H(d)$ über d, Schwelle bei q_j	q_j
Typ III: linearer Anstieg $H(d) = \begin{cases} \dfrac{\lvert d \rvert}{p_j} & ; \ \lvert d \rvert \leq p_j \\ 1 & ; \ \lvert d \rvert \geq p_j \end{cases}$	$H(d)$ über d, Schwelle bei p_j	p_j
Typ IV: gestufter Sprung $H(d) = \begin{cases} 0 & ; \ \lvert d \rvert \leq q_j \\ 1/2 & ; \ q_j < \lvert d \rvert \leq p_j \\ 1 & ; \ \lvert d \rvert > p_j \end{cases}$	$H(d)$ über d, Schwellen bei q_j, p_j	$p_j \, ; q_j$
Typ V: verzögerter linearer Anstieg $H(d) = \begin{cases} 0 & ; \ \lvert d \rvert \leq q_j \\ \dfrac{\lvert d \rvert - q_j}{p_j - q_j} & ; \ q_j < \lvert d \rvert \leq p_j \\ 1 & ; \ \lvert d \rvert \geq p_j \end{cases}$	$H(d)$ über d, Schwellen bei q_j, p_j	$p_j \, ; q_j$
Typ VI: Gaußscher Anstieg $H(d) = 1 - e^{\frac{-d^2}{2\,\sigma_j^{\,2}}}$	$H(d)$ über d, Schwelle bei σ_j	σ_j

Abb. 4.3: Anwendbare Präferenzfunktionen für den paarweisen Vergleich zweier Alternativen [Terminologie teilweise vgl. JAEGER 1988, S. 327]

Intervall $0 \leq d \leq q_j$ ist keine Präferenz einer Alternative vor der anderen festzustellen. Sobald $d > q_j$ wird, ist der Betrag der Differenz unwichtig, es liegt immer eine strikte Präferenz vor. Im dritten Fall hat die Präferenzfunktion einen linearen Anstieg (Typ III), bis d den Wert p_j erreicht hat. Steigt d über p_j hinaus an, so wirken sich höhere Unterschiede in der Kriterienausprägung d nicht weiter auf die Präferenz von a_k gegenüber a_l aus. Beim 'gestuften Sprung' (Typ IV) führt die Präferenzfunktion nach Überschreiten von vorgegebenen Schwellenwerten q_i und p_j zwei gleich hohe Sprünge aus. Hierdurch wird es ermöglicht, die Präferenzen in drei Klassen einzuteilen. Der 'verzögerte lineare Anstieg' (Typ V) ergibt sich dadurch, daß nach Überschreiten eines Schwellenwertes q_i die Präferenzfunktion linear ansteigt, bis ein Maximalwert der Präferenzfunktion für $d = p_i$ erreicht ist. Eine höhere Differenz als $d = p_i$ hat keine Auswirkungen auf die Präferenz.

Der 'Gaußsche Anstieg' (Typ VI) hat die Eigenschaft, daß er keine Diskontinuitäten im Funktionsverlauf und dessen Ableitungen aufweist. Die Präferenzfunktion dieses Typs ist nicht symmetrisch bezüglich des Wendepunktes. Strebt der Abszissenwert d gegen '0'; so strebt auch der Funktionswert P(d) gegen '0'; für $d \rightarrow \infty$ strebt der Funktionswert P(d) gegen '1'. Der Parameter σ beeinflußt die Form der Präferenzfunktion deutlich. Ist σ betragsmäßig klein, so ist die Funktion schlank und hat im Bereich ihres Wendepunktes eine hohe Steigung. Hohe σ-Werte führen zu einer breiten und flachen Präferenzfunktion, die im mittleren Bereich eine geringe Steigung aufweist. Grundsätzlich liegt bis zum Wendepunkt, dessen Abszissenwert durch σ_i gekennzeichnet ist, eine progressive Steigung vor, danach verläuft die Steigung degressiv.

Die Funktionstypen I, II, IV sind besonders geeignet, qualitative Kriterien zu beschreiben, die Funktionstypen III, V und VI besonders zur Beschreibung von quantitativen Kriterien [vgl. MARESCHAL 1987, S. 180].

Jedem Bewertungkriterium $f_i(a)$ wird eine charakteristische Präferenzfunktion zugeordnet. Diese Zuordnung und die Wahl der Schwellenwerte p_j, q_i, σ_i beeinflussen den Entscheidungsprozeß signifikant. Die Auswahl erfolgt interaktiv durch den Entscheidungsträger gemäß seiner subjektiven Präferenz. Nachdem der Entscheidungsträger eine Präferenzfunktion $P_i(a_k,a_i)$, sowie Schwellenwerte gewählt hat, wird jedem Auswahlkriterium $f_i(a)$ eine Gewichtung w_i zugeordnet. Für w_i können beliebige Zahlenwerte angenommen werden, auch Vielfache anderer Gewichte, da bei der PROMETHEE-Methode die Gewichtungen auf '1', bzw. '100%' normiert werden.

Nach Festlegung der Kriterien, ihrer Präferenzfunktionstypen samt Parametern sowie der Gewichtungen der einzelnen Kriterien erfolgt die

Aggregation der Präferenzaussagen. Hierzu wird zuerst ein 'Multikriteriapräferenz-index' $\pi(a_k,a_l)$ gebildet [vgl. BRANS, VINCKE, MARESCHAL 1986, S. 232]. Dieser beschreibt die Präferenz von a_k gegenüber a_l bezüglich sämtlicher Kriterien:

$$\pi(a_k,a_l) = \frac{\sum\limits_{j=1}^{n} w_j \cdot P_j(a_k,a_l)}{\sum\limits_{j=1}^{n} w_j}. \qquad (4.2\text{-}13)$$

Durch die Multikriteriapräferenzindices lassen sich sogenannte 'Präferenzströ-me' $\Phi^+(a_k)$ und $\Phi^-(a_k)$ berechnen. Diese beschreiben, wie stark bzw. schwach eine einzelne Alternative a_k im Vergleich zu allen n anderen Alternativen $z \in A\backslash\{k\}$ ist.

Der 'positive Präferenzstrom' $\Phi^+(a_k)$ berechnet sich zu:

$$\Phi^+(a_k) = \frac{\sum\limits_{z \in A\backslash\{k\}} \pi(a_k,z)}{n}. \qquad (4.2\text{-}14)$$

Für vier Alternativen a_1, a_2, a_3, a_4 ergibt sich beispielsweise

$$\Phi^+(a_1) = \frac{\pi(a_1,a_2) + \pi(a_1,a_3) + \pi(a_1,a_4)}{3}. \qquad (4.2\text{-}15)$$

Der positive Präferenzstrom $\Phi^+(a_k)$ beschreibt, wie stark eine Alternative a_k alle n anderen Alternativen bezüglich sämtlicher Kriterien übertrifft. Entsprechend läßt sich ein 'negativer Präferenzstrom' $\Phi^-(a_k)$ bilden:

$$\Phi^-(a_k) = \frac{\sum\limits_{z \in A\backslash\{k\}} \pi(z,a_k)}{n}. \qquad (4.2\text{-}16)$$

Für die obigen vier Alternativen ergibt sich $\Phi^-(a_1)$ zu

$$\Phi^-(a_1) = \frac{\pi(a_2,a_1) + \pi(a_3,a_1) + \pi(a_4,a_1)}{3}. \tag{4.2-17}$$

Der negative Präferenzstrom $\Phi^-(a_k)$ beschreibt, wie stark eine Alternative a_k von allen anderen Alternativen bezüglich sämtlicher Kriterien übertroffen wird.

Der Wert des negativen Präferenzstromes weicht von dem des positiven Präferenzstromes ab. Die Abweichung ist durch die Unsymmetrie der Präferenzfunktionen $P(a_k,a_1)$ begründet. Gilt z.B. $P(a_k,a_1) > 0$, so gilt immer $P(a_1,a_k) = 0$ und umgekehrt. Bei der Aufsummierung über sämtliche Kriterien führt dies zu unterschiedlichen Präferenzströmen $\Phi^+(a_k)$ und $\Phi^-(a_k)$.

Der Nettopräferenzstrom $\Phi(a_k)$ wird aus der Differenz der beiden Teilströme gebildet:

$$\Phi(a_k) = \Phi^+(a_k) - \Phi^-(a_k) \tag{4.2-18}$$

Je nachdem, ob die Rangreihe mit Hilfe der positiven und negativen Präferenzströme oder unter Verwendung der Nettopräferenzströme gebildet wird, gelangt man zu einer unvollständigen Ordnung der Alternativen (als PROMETHEE-I-Methode bezeichnet) oder zu einer vollständigen Ordnung (PROMETHEE-II-Methode). <u>Abb 4.4</u> zeigt beispielhaft eine vollständige und eine unvollständige Ordnung von Alternativen.

Der Aufbau einer unvollständigen Ordnung von Alternativen im Rahmen der PROMETHEE-I-Methode erfolgt auf der Basis der folgenden Entscheidungsfälle:

$$
\begin{array}{lllllll}
\text{Falls} & \Phi^+(a_k) & > & \Phi^+(a_1) & \text{und} & \Phi^-(a_k) & < & \Phi^-(a_1) \\
\text{oder} & \Phi^+(a_k) & > & \Phi^+(a_1) & \text{und} & \Phi^-(a_k) & = & \Phi^-(a_1) \\
\text{oder} & \Phi^+(a_k) & = & \Phi^+(a_1) & \text{und} & \Phi^-(a_k) & < & \Phi^-(a_1)
\end{array}
$$

gilt: Alternative a_k **besser als** Alternative a_1: $a_k\ \mathbf{P^I}\ a_1$.

Der hochgesetzte Index bei P^I deutet an, daß die Präferenz hierbei mittels der PROMETHEE-I-Methode ermittelt wurde.

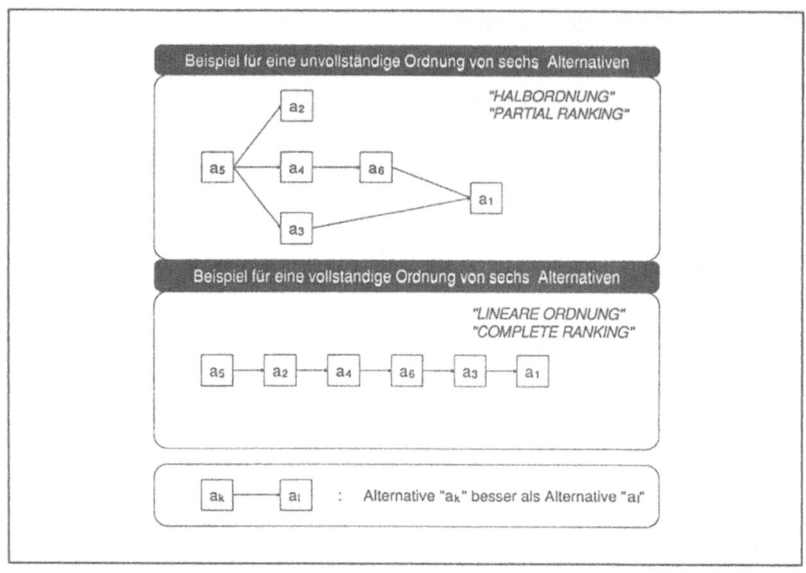

Abb. 4.4: Beispiel für eine vollständige und eine unvollständige Ordnung von Alternativen

$$\text{Falls} \quad \Phi^+(a_k) = \Phi^+(a_l) \quad \text{und} \quad \Phi^-(a_k) = \Phi^-(a_l)$$

gilt: Alternative a_k **gleichwertig zu** Alternative a_l: $\mathbf{a_k \; I^I \; a_l}$.

$$\text{Falls} \quad \Phi^+(a_k) > \Phi^+(a_l) \quad \text{und} \quad \Phi^-(a_k) > \Phi^-(a_l)$$
$$\text{oder} \quad \Phi^+(a_k) < \Phi^+(a_l) \quad \text{und} \quad \Phi^-(a_k) < \Phi^-(a_l)$$

gilt: Alternative a_k **nicht vergleichbar** mit Alternative a_l: $\mathbf{a_k \; R^I \; a_l}$.

Die Verwendung der Nettopräferenzströme bei der PROMETHEE-II-Methode reduziert die Zahl der möglichen Entscheidungsfälle auf zwei. Die PROMETHEE-II-Methode schließt Unvergleichbarkeiten durch die Aggregation der positiven und negativen Präferenzströme zum Nettopräferenzstrom $\Phi(a_k)$ aus:

$$\text{Falls} \quad \Phi(a_k) > \Phi(a_l)$$

gilt: Alternative a_k **besser als** Alternative a_l: $\mathbf{a_k \; P^{II} \; a_l}$.

Der hochgesetzte Index bei P^{II} deutet hier auf eine mittels PROMETHEE-II ermittelte Präferenz hin.

$$\text{Falls} \quad \Phi(a_k) \ = \ \Phi(a_i)$$

gilt: Alternative a_k **gleichwertig zu** Alternative a_i: $a_k \ I^{II} \ a_i$.

Bei einer größeren Anzahl zu beurteilender Alternativen ist die PROME-THEE-II-Methode aufgrund der vollständigen Ordnung der Alternativen bedeutend leichter zu handhaben, als die sich aus der PROMETHEE-I-Methode ergebende Halbordnung. Allerdings geht die Information über die Unvergleichbarkeit zweier Alternativen verloren [vgl. MARESCHAL 1987, S. 185]. Im Rahmen der Anwendung der PROMETHEE-Methode, für die Zwecke der Abspaltung dezentralisierungsgeeigneter PPS-Funktionen und der Gruppierung dieser PPS-Funktionen zu Subsystemen, ist diese Information jedoch von untergeordneter Bedeutung, wie in den nachfolgenden Kapiteln gezeigt werden wird. Aus diesem Grunde wird auf die einfacher zu handhabende PROMETHEE-II-Methode zurückgegriffen.

4.3 Die Abspaltung dezentralisierungsgeeigneter PPS-Funktionen aus einem Zentralsystem

Die Dezentralisierung von PPS-Systemen auf funktionaler Ebene erfordert die Festlegung von PPS-Funktionen, die sich für eine Dezentralisierung eignen. Die Auswahl dezentralisierungsgeeigneter PPS-Funktionen ist Ziel des Abspaltungsvorgangs. Hierzu wird mit Hilfe der PROMETHEE-II-Methode eine Rangreihe der Abspaltungseignung erstellt.

Im Sinne der PROMETHEE-Methode[1] stellen die zu betrachtenden PPS-Funktionen die Handlungsalternativen dar, die in eine Rangreihe der Abspaltungseignung gebracht werden sollen. Als zu betrachtende PPS-Funktionen kommen dabei alle oder, falls in einem Unternehmen nicht sämtliche PPS-Funktionen realisiert werden sollen, eine Auswahl der in Kapitel 2 beschriebenen PPS-Funktionen in Frage. Zur Erstellung dieser Rangreihe werden Bewertungskriterien, hier 'Abspaltungskriterien' genannt, benötigt. Die einzelnen Abspaltungskriterien müssen hinsichtlich ihrer Wirkrichtung, der anzuwendenden Präferenzfunktion und deren Parametern sowie hinsichtlich ihrer Gewichtung beschrieben werden (vgl. Abb. 4.5). Die Wirkrichtung definiert, ob die Dezentralisierungseignung einer betrachteten PPS-Funktion mit steigender oder fallender Ausprägung eines Abspaltungskriteriums zunimmt. Als Wirkrichtung kommen grundsätzlich nur die Maximierung oder die Minimierung eines Abspaltungskriteriums in Betracht. Jedem Abspaltungskriterium ist sodann einer der sechs Grundtypen von Präferenzfunktionen der PROMETHEE-Methode zuzuordnen und mit entsprechenden Parametern zu versehen. Komplettiert wird die mathematische Beschreibung der einzelnen Abspaltungskriterien mit der Festlegung der Gewichtung jedes einzelnen Kriteriums.

Erfaßt man nun, inwieweit die einzelnen Abspaltungskriterien durch die zu betrachtenden PPS-Funktionen erfüllt werden, so liegen alle notwendigen Eingangsgrößen für die Durchführung der PROMETHEE-Methode vor. Die Erfüllungsgrade der Abspaltungskriterien ergeben sich aus der Betrachtung unterschiedlicher Merkmale (Eigenschaften) der PPS-Funktionen.

Es zeigt sich, daß nicht sämtliche Eingangsgrößen der PROMETHEE-Methode für jeden Anwendungsfall individuell festgelegt werden müssen:

Unabhängig vom einzelnen Anwendungsfall kommen immer dieselben Abspaltungskriterien zur Anwendung. Ebenfalls unternehmensneutral, da eng mit den spezifischen Abspaltungskriterien verbunden, sind die Wirkrichtungen der

---

[1] Wie dargestellt, unterscheiden sich die PROMETHEE-I-Methode und die PROMETHEE-II-Methode lediglich in den erstellten Rangreihen. Aus diesem Grund wird, sofern nicht die Rangreihenbildung angesprochen wird, allgemein von der PROMETHEE-Methode gesprochen.

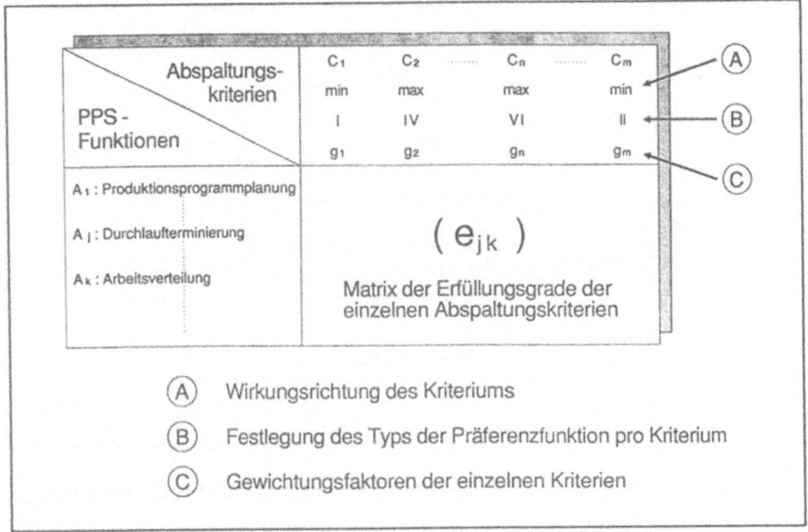

Abb. 4.5: Eingangsgrößen des Abspaltungsschrittes

einzelnen Kriterien sowie die Typen der jeweiligen Präferenzfunktionen (vgl. Abb. 4.6). Die Parameter, welche die Eckwerte der Präferenzfunktionen beschreiben, hängen von den Erfüllungsgraden der Abspaltungskriterien durch die PPS-Funktionen ab. In den Fällen, in denen die Erfüllungsgrade eines Abspaltungskriteriums unternehmensneutral festgelegt werden können, ist auch eine unternehmensneutrale Festlegung der Parameter der Präferenzfunktionen möglich. Ansonsten müssen die Parameter der Präferenzfunktionen mit den Erfüllungsgraden der Abspaltungskriterien abgestimmt werden. Die Gewichtung, die ein Abspaltungskriterium erhält, muß einerseits die Bedeutung dieses Kriteriums berücksichtigen und andererseits die gegebenenfalls vorhandene Korrelation zwischen zwei Abspaltungskriterien neutralisieren, um einer unbeabsichtigten Übergewichtung vorzubeugen. Die Gewichtung der Kriterien erfolgt unternehmensneutral, muß jedoch im unternehmensspezifischen Fall überprüft werden.

Die teilweise unternehmensneutral und teilweise unternehmensspezifisch festzulegenden Eingangsgrößen der PROMETHEE-Methode beim Abspaltungsvorgang ermöglichen es, den Aufwand bei der Durchführung des Abspaltungsvor-

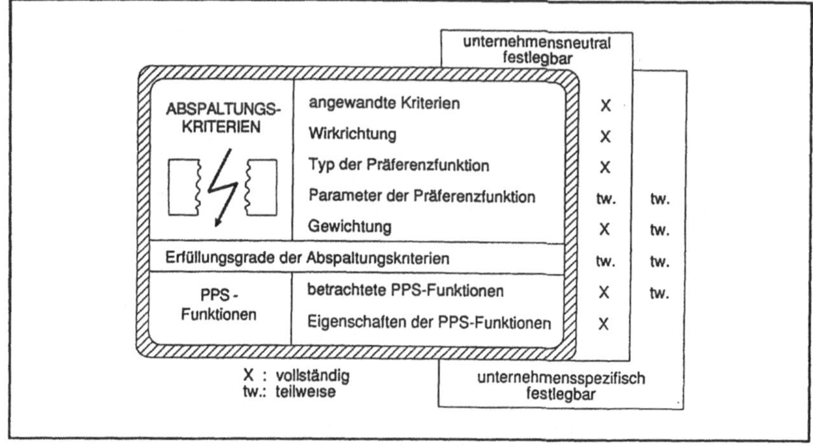

Abb. 4.6: Darstellung der Abhängigkeiten der Eingangsgrößen des Abspaltungs-schrittes

gangs im individuellen Anwendungsfall dadurch zu reduzieren, daß teilweise auf unternehmensneutrales Datenmaterial zurückgegriffen werden kann. Dieses Datenmaterial stützt sich auf in der Literatur dokumentierte Forschungsergebnisse sowie auf die Ergebnisse von Expertenbefragungen und Befragungen von zwei Arbeitskreisen. Die Befragungen wurden vom Autor durchgeführt, hierzu wurden 18 Experten aus Forschung und Praxis sowie 9 Arbeitskreis-Mitarbeiter mit Hilfe eines halbstandardisierten Fragebogens interviewt. Darüber hinaus flossen die Ergebnisse eines weiteren Arbeitskreises, in dem der Autor selbst Mitglied ist, und die Erfahrungen dieser Arbeitskreis-Mitarbeiter in die Erstellung des unternehmensneutralen Datenmaterials ein[1].

Abb. 4.7 verdeutlicht die Teilschritte, die durchzuführen sind, um zu einer Festlegung der zu dezentralisierenden PPS-Funktionen zu gelangen. Nach der Festlegung der zu betrachtenden PPS-Funktionen müssen die abspaltungsrelevan-ten Eigenschaften der betrachteten PPS-Funktionen erfaßt werden. Die erfaßten

---

[1] Sofern in nachfolgenden Kapiteln der Begriff "Expertenbefragung" verwendet wird, sind hierunter die angeführten Befragungen und Auswertungen zu verstehen.

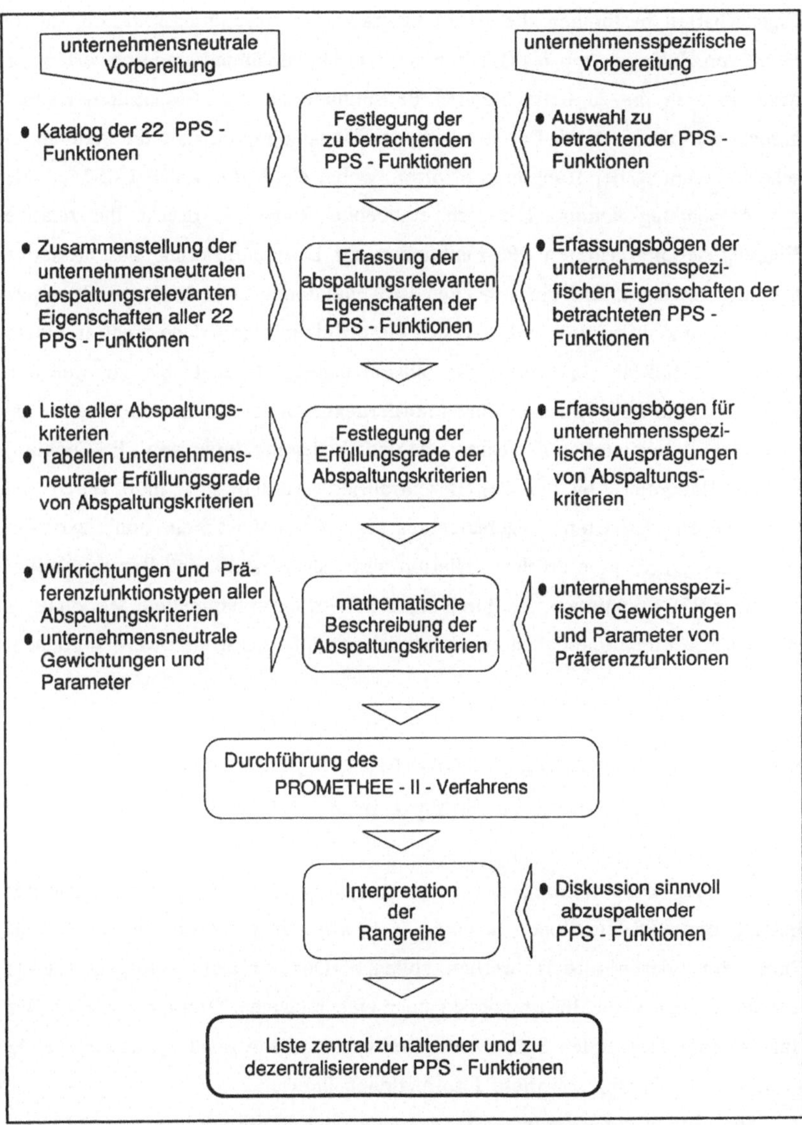

Abb. 4.7: Teilschritte im Rahmen des Abspaltungsvorgangs

Eigenschaften bestimmen die Erfüllungsgrade der Abspaltungskriterien, die in Form von Zahlenwerten festgehalten werden. Die Erfüllungsgrade bewerten das Maß, in dem die zu betrachtenden PPS-Funktionen den Abspaltungskriterien gerecht werden. Nach der Bereitstellung der Eingangsgrößen kann die mathematische Berechnung der Rangreihe erfolgen, wobei die PROMETHEE-II-Methode zur Anwendung kommt. Die sich ergebende Rangreihe drückt die relative Eignung der betrachteten PPS-Funktionen zur Dezentralisierung aus. 'Relative Eignung' bedeutet, daß die einzelnen PPS-Funktionen zwar in der Reihenfolge ihrer Eignung aufgeführt sind, daß sich diese Reihenfolge jedoch nicht an einem absoluten Maßstab ausrichtet, der allgemeingültig festlegt, bis zu welchem Rangwert eine PPS-Funktion dezentralisierungsgeeignet ist. Die unternehmensspezifische Interpretation der Rangreihe und Festlegung derjenigen PPS-Funktion in der Rangreihe, bis zu der dezentralisiert werden soll, muß durch die betrieblichen Experten gegebenenfalls in Zusammenarbeit mit externen Anwendungsfachleuten erfolgen. Hiermit wird sichergestellt, daß Besonderheiten einzelner PPS-Funktionen, die durch das vom Verfahren betrachtete Merkmalsraster der PPS-Funktionen nicht erfaßt wurden, noch berücksichtigt werden können.

4.4 Die Gruppierung dezentralisierungsgeeigneter PPS-Funktionen zu Subsystemen

Mit der Durchführung des Abspaltungsvorganges liegt fest, welche der betrachteten PPS-Funktionen in einem Zentralsystem gefahren und welche auf Subsysteme dezentralisiert werden sollen. Der Abspaltungsvorgang liefert allerdings noch keine Informationen über eine mögliche Zusammensetzung der angestrebten dezentralen Subsysteme. Der sich an die Abspaltung anschließende Gruppierungsvorgang soll diese Informationen liefern.

Die Gruppierung dezentralisierungsgeeigneter PPS-Funktionen zu Subsystemen erfolgt ebenfalls unter Anwendung der PROMETHEE-Methode. Das Grundprinzip der PROMETHEE-Methode bleibt auch bei der Gruppierung beibehalten: Eine Zahl von Handlungsalternativen wird mittels einer Anzahl von

Beurteilungskriterien in eine relative Rangreihe gebracht. Als Handlungsalternativen müssen alle PPS-Funktionspaare betrachtet werden, die sich aus den zu dezentralisierenden PPS-Funktionen kombinieren lassen. Die Zahl der möglichen Handlungsalternativen ist bedeutend größer als beim Abspaltungsvorgang. Sei 'k' die Anzahl der zu dezentralisierenden PPS-Funktionen, so ergibt sich die Menge der Handlungsalternativen 'h' zu:

$$h = \frac{k!}{2 \cdot (k - 2)!} \, .$$

Als Beurteilungskriterien kommen 'Gruppierungskriterien' zur Anwendung. Diese bewerten die Eignung der beiden PPS-Funktionen eines PPS-Funktionspaa-

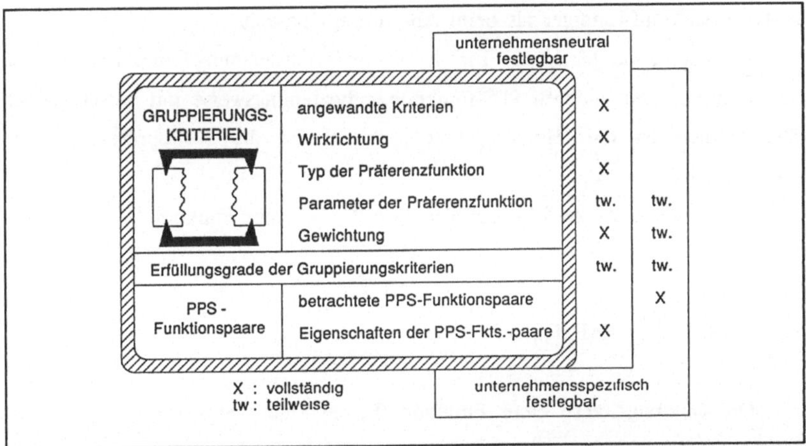

Abb. 4.8: Darstellung der Abhängigkeiten der Eingangsgrößen des Gruppierungsschrittes

res zur Zusammenfassung innerhalb eines Subsystems. Die weiteren Eingangsgrößen (Abb. 4.8) des Gruppierungsvorgangs sind die gleichen, die beim Abspaltungsvorgang verwendet wurden. Jedes Gruppierungskriterium muß in seiner Wirkrichtung (Minimierung oder Maximierung) beschrieben werden. Weiterhin ist jedem Gruppierungskriterium eine Gewichtung sowie ein Präferenzfunktionstyp mit entsprechenden Parametern zuzuordnen. Diejenigen Eingangsgrößen, die unternehmensneutral und somit allgemeingültig zur Verfügung gestellt werden können, sind bis auf die betrachteten PPS-Funktionspaare die gleichen wie beim Abspaltungsvorgang. Wie beim Abspaltungsvorgang wird auch bei der Gruppierung zur Ermittlung der unternehmensneutralen Eingangsgrößen auf dokumentierte Erkenntnisse aus der Literatur sowie auf Expertenbefragungen zurückgegriffen.

<u>Abb. 4.9</u> stellt die Teilschritte im Rahmen des Gruppierungsvorganges dar. Die Teilschritte sind denen des Abspaltungsvorganges ähnlich. Lediglich die vorbereitenden unternehmensneutralen und unternehmensspezifischen Maßnahmen verändern sich auf Grund unterschiedlicher, unternehmensneutral und unternehmensspezifisch zu erfassender Eingangsgrößen.

Die Interpretation der von der PROMETHEE-II-Methode gelieferten Rangreihe von PPS-Funktionspaaren im Hinblick auf eine Subsystembildung gestaltet sich aufwendiger als beim Abspaltungsvorgang.

Entscheidende Meßgröße für die Gruppierungseignung einer betrachteten PPS-Funktion mit anderen PPS-Funktionen beziehungsweise mit verschiedenen Subsystemen ist die 'Bindungsstärke', die durch die Nettopräferenzströme operationalisiert wird.

Die Bindungsstärke 'B' einer Funktion 'F_x' zu einer Funktion 'F_i' ergibt sich zu:

$$B(F_x;F_i) \; = \; \Phi(F_x;F_i).$$

Die Bindungsstärke einer Funktion 'F_x' zu einem Subsystem 'SS_j' soll als Mittelwert der einzelnen Nettopräferenzströme verstanden werden:
Ist $SS_j \; = \; \{F_1;F_2;F_3;...;F_n\}$, bestehend aus insgesamt n Elementen, dann sei $B(F_x;SS_j)$ definiert zu:

$$B(F_x;SS_j) \; = \; \frac{\Phi(F_x;F_1) \; + \; \Phi(F_x;F_2) \; + \; \Phi(F_x;F_3) \; + ... + \; \Phi(F_x;F_n)}{n}.$$

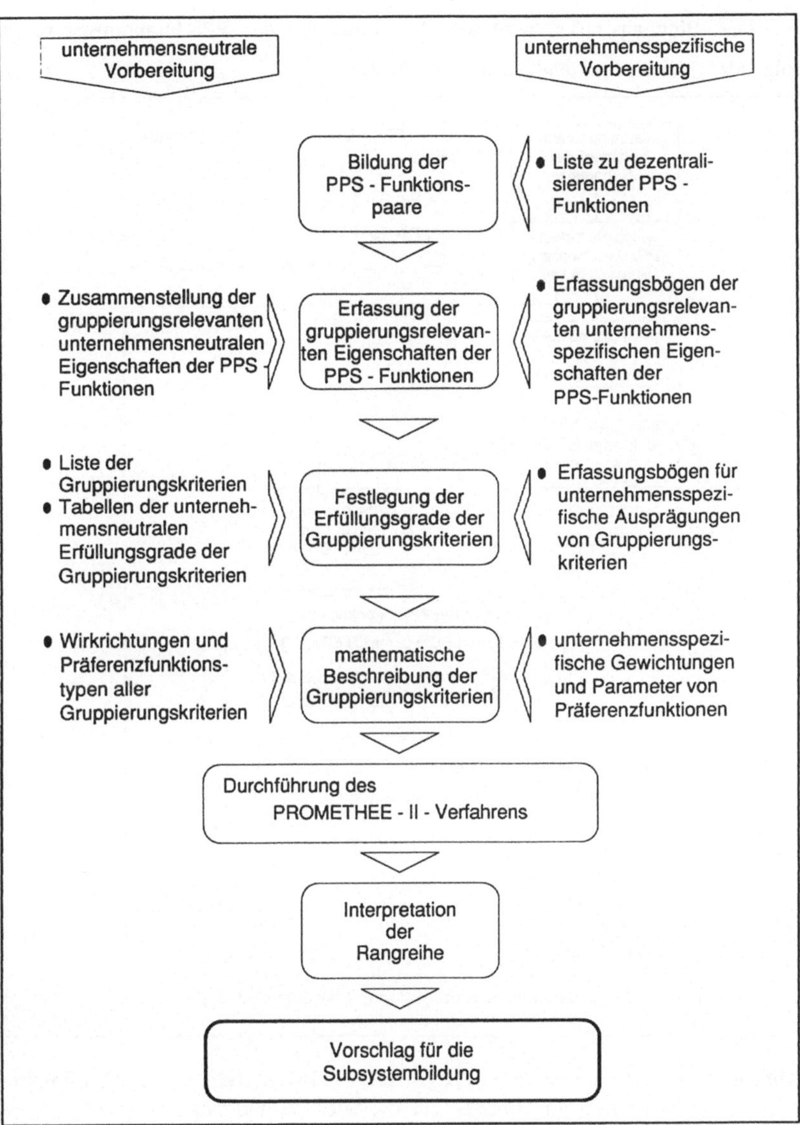

Abb. 4.9: Teilschritte im Rahmen des Gruppierungsvorgangs

Die 'Bindungsstärke' wird auf die Rangreihe der PPS-Funktionspaare in folgender Weise angewandt (vgl. <u>Abb. 4.10</u>):

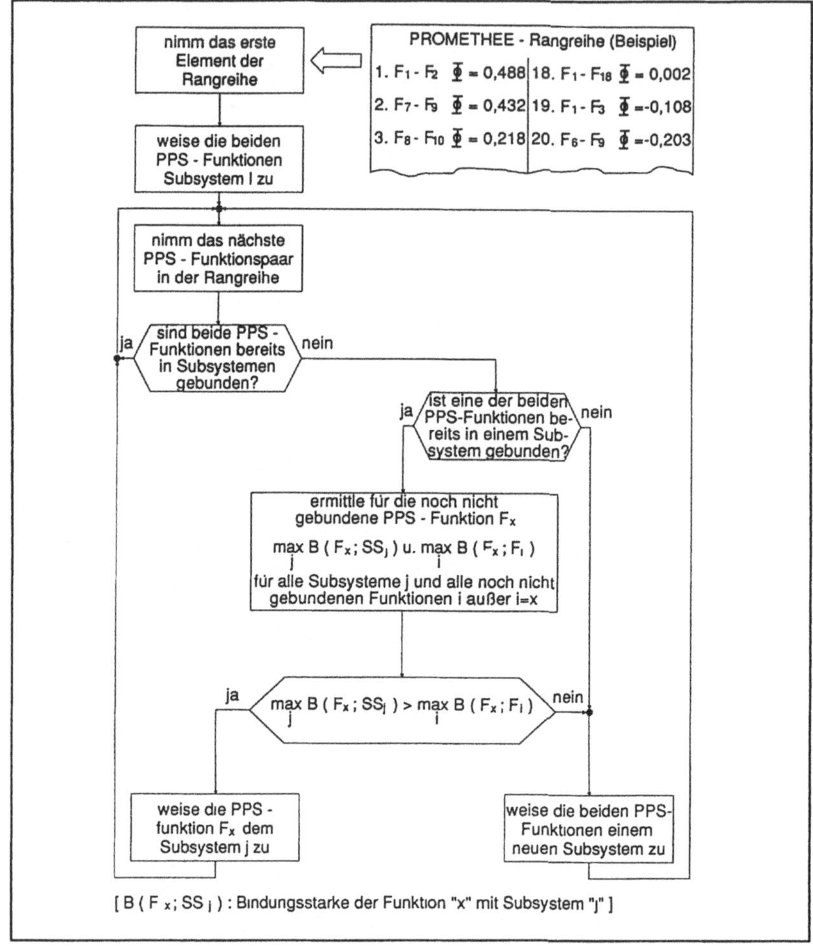

Abb. 4.10: Interpretation der PROMETHEE-II-Rangreihe von PPS-Funktionspaaren im Hinblick auf die Subsystembildung

Die PPS-Funktionen des ersten PPS-Funktionspaars werden Elemente des ersten Subsystems. Nun werden die beiden PPS-Funktionen des in der Rangreihe nachfolgenden PPS-Funktionspaars betrachtet. Ist keine der beiden PPS-

Funktionen bereits in Subsystem I enthalten, so wird aus diesen beiden PPS-Funktionen ein zweites Subsystem gebildet. Ist jedoch eine der beiden Funktionen in Subsystem I enthalten, so werden für diejenige PPS-Funktion F_x, die nicht in Subsystem I enthalten ist, Bindungsstärken berechnet. Zu ermitteln sind die Bindungsstärken von F_x zu Subsystem I, sowie zu allen anderen PPS-Funktionen F_i, die noch in keinem Subsystem enthalten sind. Stellt sich beim Vergleich der Bindungsstärken heraus, daß F_x die stärkste Bindung zu Subsystem I aufweist, so wird F_x diesem Subsystem zugewiesen. Sollte jedoch die Bindungsstärke von F_x zu einer Funktion F_i größer sein, als die Bindungsstärke von F_x zu Subsystem I, so wird aus F_x und F_i ein weiterer Subsystemkern. Dieses Verfahren wird solange fortgesetzt, bis sämtliche PPS-Funktionen auf Subsysteme verteilt sind.

Als Ergebnis des Gruppierungsschrittes liegt ein Vorschlag für die Aufteilung der dezentralisierungsgeeigneten PPS-Funktionen auf Subsysteme vor. Hiermit ist das Ziel des Verfahrens erreicht.

Die konkrete Durchführung des Abspaltungs- und des Gruppierungsvorgangs setzt die Kenntnis der Abspaltungs- und Gruppierungskriterien voraus. Im Rahmen eines Fallbeispiels soll, nach Festlegung und Operationalisierung dieser Dezentralisierungskriterien im nachfolgenden Kapitel, das Gesamtverfahren beispielhaft angewandt werden.

5. Erarbeitung von Kriterien zur anwenderorientierten Dezentralisierung von PPS-Systemen

Ausgehend vom Stand der Forschung werden in diesem Kapitel die Kriterien für das entwickelte Verfahren zur anwenderorientierten Dezentralisierung von PPS-Systemen erarbeitet. Entsprechend der in Kapitel 4 dargestellten Verfahrensweise sind einerseits Abspaltungskriterien und andererseits Gruppierungskriterien zu ermitteln.

Die Auswahl der relevanten Dezentralisierungskriterien ist anhand einer Reihe von Anforderungen an diese Kriterien vorzunehmen, die nachfolgend erläutert werden.

5.1 Anforderungen an die Dezentralisierungskriterien

Gemäß der Zielsetzung des entwickelten Verfahrens, eine anwender- und nicht EDV-orientierte sowie funktionale und nicht datenorientierte Dezentralisierung der PPS durchzuführen, kommen nur solche Dezentralisierungskriterien in Betracht, die **anwenderorientiert** sind und die PPS-Funktionen hinsichtlich ihrer **funktionalen** Eigenschaften bewerten.

Als anwenderorientiert erkannte Dezentralisierungskriterien müssen darüber hinaus folgenden Anforderungen gerecht werden (vgl. Abb. 5.1):

I. Effizienzorientierung

Die Entwicklung eines dezentralen PPS-Systems strebt an, die Effizienz des neu entwickelten PPS-Systems gegenüber einer zentralen Lösung zu verbessern. Dezentralisierungskriterien müssen aus diesem Grunde diejenigen Handlungsalternativen bei der Generierung einer Dezentralisierungslösung favorisieren, die zu einer Effizienzsteigerung des PPS-Systems beitragen, auch wenn dabei Entscheidungen gegen bestimmte Dezentralisierungsmaßnahmen gefällt werden. Eine umfassende Bewertung von Handlungsalternativen hinsichtlich des Gesamtzieles 'Effizienzsteigerung des PPS-Systems' ist kaum möglich oder mit großem Aufwand

10 Anforderungen an Dezentralisierungskriterien

I. Effizienzorientierung

Ein Dezentralisierungskriterium muß bei der Bewertung zweier alternativer Dezentralisierunsmaßnahmen diejenige präferieren, die zu einem effizienteren PPS - System führt.

II. Entscheidungsrelevanz

Ein Dezentralisierungskriterium muß zwei alternative Dezentralisierungsmaßnahmen hinsichtlich ihrer Dezentralisierungseignung bewerten können.

III. Differenzierung

Ein Dezentralisierungskriterium darf nicht bei allen zu beurteilenden Dezentralisierungsalternativen die gleichen Erfüllungsgrade zugewiesen bekommen.

IV. Allgemeingültigkeit

Ein Dezentralisierungskriterium muß auf alle zu beurteilenden Dezentralisierungsalternativen anwendbar und für alle gültig sein.

V. Reproduzierbarkeit

Ein Dezentralisierungskriterium muß für alle zu beurteilenden Dezentralisierungsmaßnahmen nachvollziehbare Erfüllungsgrade annehmen.

VI. Präjudizierbarkeit

Die Erfüllungsgrade, die ein Dezentralisierungskriterium für die einzelnen zu beurteilenden Dezentralisierungsalternativen annimmt, müssen bereits in der Konzeptionsphase voraussagbar sein.

VII. Unabhängigkeit

Die Ausprägungen, die ein Dezentralisierungskriterium für die einzelnen zu beurteilenden Dezentralisierungsmaßnahmen annimmt, müssen unabhängig von anderen Dezentralisierungskriterien sein.

VIII. Operationalisierbarkeit

Jedes Dezentralisierungskriterium muß durch die Angabe meß- bzw. erfaßbarer Erfüllungsgrade präzisierbar sein.

IX. Redundanzfreiheit

Gleiche Sachverhalte dürfen nicht durch unterschiedliche Dezentralisierungskriterien beurteilt werden.

X. Vollständigkeit

Die Gesamtheit aller zur Anwendung kommenden Dezentralisierungskriterien muß bei der Bewertung alternativer Dezentralisierungsmaßnahmen alle relevanten Entscheidungsaspekte berücksichtigen.

Abb. 5.1: Anforderungen an Dezentralisierungskriterien

verbunden. Zur Bewertung der Effizienz von Dezentralisierungskriterien müssen deshalb Teilziele herangezogen werden, deren Erfüllung eine Effizienzsteigerung implizieren [vgl. FRESE 1980, Sp. 214]. Teilziele dieser Art sind z.B. die Ausnutzung vorhandener Ressourcen, Schnelligkeit der Informationsverarbeitung, Motivation der Mitarbeiter oder die Anpassungsfähigkeit an veränderte Umweltbedingungen [vgl. FRESE 1980, Sp. 214].

II. Entscheidungsrelevanz

Eng verbunden mit der Forderung nach einer Effizienzorientierung der Dezentralisierungskriterien ist die Forderung nach Entscheidungsrelevanz. Kriterien, die zwar auf eine Effizienzsteigerung des PPS-Systems ausgerichtet sind, jedoch keine Entscheidungshilfe bei der Frage 'zentral-dezentral' bieten, sind für ein Verfahren zur Dezentralisierung von PPS-Systemen unbrauchbar.

III. Differenzierung

Ein Dezentralisierungskriterium, welches bei grundsätzlich allen zu beurteilenden Handlungsalternativen die gleiche Ausprägung aufweist und somit allen Handlungsalternativen die gleiche Präferenz zuordnet, beeinflußt eine Entscheidung nicht, da keine unterschiedliche Bewertung der Alternativen vorgenommen wird. Ein solches Kriterium mag effizienzorientiert und entscheidungsrelevant im Sinne der obigen Definition sein und trägt trotzdem zu der erforderlichen Entscheidungsfindung nicht bei.

IV. Allgemeingültigkeit

Die Gesetzmäßigkeit eines Kriteriums muß auf **alle** zu beurteilenden Handlungsalternativen anwendbar und für alle gültig sein. Wird für die Entscheidung zwischen unterschiedlichen Handlungsalternativen eine Reihe von Dezentralisierungskriterien herangezogen, dann müssen diese Kriterien auf alle Handlungsalternativen angewandt werden. Ein Kriterium, welches nur für einen Teil der zu beurteilenden Handlungsalternativen anwendbar ist, wird zu inkonsistenten Entscheidungen zwischen Handlungsalternativen führen und darf im Rahmen der PROMETHEE-Methode nicht eingesetzt werden.

V. Reproduzierbarkeit

Die Erfüllungsgrade eines Kriteriums werden direkt oder indirekt durch die Eigenschaften der betrachteten Handlungsalternativen bestimmt. Diese Bestimmung muß eindeutig und so strukturiert sein, daß sie immer wiederholt werden kann und immer wieder unter gleichen Randbedingungen und bei gleichen Eigenschaften von Handlungsalternativen zu möglichst gleichen Ergebnissen führt.

Hinter der Forderung nach Reproduzierbarkeit steht die Forderung nach möglichst objektiv erfaßbaren Erfüllungsgraden der Dezentralisierungskriterien.

VI. Präjudizierbarkeit

Der Erfüllungsgrad, den ein Dezentralisierungskriterium für eine bestimmte Handlungsalternative annimmt, muß erfaßbar sein, ohne daß die zu beurteilende Handlungsalternative realisiert oder unternehmensspezifisch simuliert werden muß. Dezentralisierungskriterien, deren Erfüllungsgrade bezüglich einzelner oder aller Handlungsalternativen in der Konzeptionsphase nicht ermittelt werden können, können nicht zur Entscheidungsfindung herangezogen werden.

VII. Unabhängigkeit

Der Erfüllungsgrad, den ein Dezentralisierungskriterium für eine Handlungsalternative annimmt, darf nur von den Eigenschaften der zu beurteilenden Handlungsalternativen abhängen und nicht beispielsweise von der Reihenfolge, in der die Dezentralisierungskriterien angewandt werden. Die PROMETHEE-Methode ist nicht auf abhängige Dezentralisierungskriterien ausgelegt. Im Falle der Abhängigkeit zwischen Kriterien müssen andere mathematische Methoden herangezogen werden.

VIII. Operationalisierbarkeit

Die Dezentralisierungskriterien, die für das entwickelte Verfahren eingesetzt werden sollen, müssen durch eine kardinale Skalierung für den anschließenden Entscheidungsprozess anwendbar sein. Dies bedeutet, daß den Kriterien meß- bzw. erfaßbare Erfüllungsgrade zugeordnet, und diese in einer logischen Reihenfolge angeordnet werden. Der Abstand zwischen zwei Erfüllungsgraden muß bewertbar sein.

IX. Redundanzfreiheit

Gleiche Sachverhalte dürfen nicht durch unterschiedliche Dezentralisierungskriterien beurteilt werden, da sich sonst eine implizite Gewichtung der entsprechenden Sachverhalte ergeben kann. Die Forderung nach Redundanzfreiheit kann nicht für ein Kriterium alleine gestellt werden. Vielmehr richtet sich diese Anforderung an die Gesamtheit der Kriterien.

X. Vollständigkeit

Die Gesamtheit der angewandten Dezentralisierungskriterien des entwickelten Verfahrens muß alle hinsichtlich der Entscheidungssituation 'zentral - dezentral' relevanten Sachverhalte berücksichtigen. Die Vollständigkeit der ausgewählten Dezentralisierungskriterien kann im nachhinein nicht präzise überprüft werden, da nie völlig sichergestellt werden kann, daß alle entscheidungsrelevanten Aspekte in den Dezentralisierungskriterien berücksichtigt worden sind. Ausschließlich die Herleitung der Dezentralisierungskriterien anhand einer systematischen Gliederung kann Gewähr für eine weitestgehende Vollständigkeit bieten.

Die nachfolgend dargestellten Dezentralisierungskriterien sind hinsichtlich der Anforderungen I bis IX zu überprüfen. Das Maß, in dem die Anforderungen an Dezentralisierungskriterien erfüllt werden, bestimmt, welche Dezentralisierungskriterien für das zu entwickelnde Verfahren zur anwenderorientierten Dezentralisierung von PPS-Systemen angewandt werden können. Für die Beurteilung der Dezentralisierungskriterien werden folgende Randbedingungen definiert:

1. Wird eine der Anforderungen von einem Dezentralisierungskriterium nicht erfüllt, kann das Dezentralisierungskriterium nicht angewandt werden.
2. Werden mehr als drei Anforderungen nur teilweise erfüllt, kann das Dezentralisierungskriterium ebenfalls nicht angewandt werden.

Eine zusammenfassende Darstellung, welche Dezentralisierungskriterien welche Anforderungen wie erfüllen, erfolgt für Abspaltungs- und Gruppierungskriterien jeweils am Ende der beiden folgenden Kapitel.

Die Forderung nach Vollständigkeit der angewandten Abspaltungs- bzw. Gruppierungskriterien kann, wie dargelegt wurde, nur durch eine systematische Strukturierung der Dezentralisierungsaspekte erreicht werden. Diese Systematik wird nachfolgend dargestellt:

Die betriebswirtschaftliche Organisationslehre beschäftigt sich intensiv mit der Dezentralisierungsproblematik. Nach BLEICHER [1980, Sp. 2407] umfaßt der Begriff 'Dezentralisierung' stets 'Dezentralisationsziele' und 'Dezentralisationsobjekte':

Ziele der Dezentralisierung sind organisatorische Gliederungseinheiten (hier: Zentralsystem bzw. Subsysteme), denen Aufgaben zugeordnet werden [vgl. EVERSHEIM 1990, S. 158].

Objekte der Dezentralisierung sind die zu erledigenden Aufgaben, im vorliegenden Fall die Aufgaben der PPS, unter verschiedenen Gesichtspunkten. Nach BLEICHER [1980, Sp. 2407] kann eine Dezentralisierung von Aufgaben nach folgenden Gesichtspunkten systematisch gegliedert werden:

1. objektbezogene[1],

2. verrichtungsbezogene,

3. zeitbezogene,

4. ortsbezogene Dezentralisierung.

Diese Gliederungsaspekte führen zu einer Unterteilung der Abspaltungs- und Gruppierungskriterien in folgende vier Gruppen:

1. **Objektbezogene Abspaltungs- und Gruppierungskriterien** (Kapitel 5.2.1 und 5.3.1) betrachten den Handlungsgegenstand (Objekt) der PPS-Funktion. Objekte einer PPS-Funktion können z.B. die Materialmenge, die Personalkapazität oder die Betriebsmittelkapazität sein. Der Objektbegriff kann sowohl materiell als auch immateriell aufgefaßt werden [vgl. BLEICHER 1980, Sp. 2408].

2. Bei den **verrichtungsbezogenen Abspaltungs- und Gruppierungskriterien** (Kapitel 5.2.2 und 5.3.2) steht die Handlung der Funktion im Vordergrund, also das, was die Funktion mit ihren Objekten macht, wie beispielsweise

---

[1]   Dieser Begriff darf nicht mit dem Begriff 'Dezentralisierungsobjekt' verwechselt werden.

Entscheidungen fällen, Veranlassen oder Überwachen, etc. Diese Kriterien bewerten die PPS-Funktionen anhand der Tätigkeiten, die im Rahmen des Funktionsablaufes durchgeführt werden.

3. **Zeitbezogene Abspaltungs- und Gruppierungskriterien** (Kapitel 5.2.3 und 5.3.3) ziehen die zeitlichen Aspekte bei der Durchführung der PPS-Funktionen zur Bewertung heran. Unabhängig von der Art und Weise der Verrichtung sowie von den behandelten Funktionsobjekten können unterschiedliche zeitliche Merkmale der PPS-Funktionen auf eine Abspaltungs- oder Gruppierungseignung schließen lassen.

4. Der vierte Aspekt von Aufgaben, der zur Dezentralisierung herangezogen werden kann, ist nach BLEICHER [1980, Sp. 2408] der Ort oder 'Raum'. Unter 'räumlichen Gesichtspunkten' versteht BLEICHER den konkreten Ort der Aufgabendurchführung. Bei der räumlichen Zentralisierung werden demnach unterschiedliche Aufgabenelemente an einem Ort zusammengefaßt. **Ortsbezogene Abspaltungs- und Gruppierungskriterien** (Kapitel 5.2.4 und 5.3.4) sind von Bedeutung, sofern die räumlichen Relationen einer PPS-Funktion zu anderen PPS-Funktionen betrachtet werden .

Nach diesen vier Gesichtspunkten der Dezentralisierung können die Abspaltungs- und Gruppierungskriterien systematisch erfaßt werden. Dies geschieht in den beiden nachfolgenden Kapiteln 5.2 und 5.3. Die Erfassung der Abspaltungs- und Gruppierungskriterien basiert auf Literaturauswertungen sowie sachlogischer Herleitung. Dabei wird nur auf diejenigen Kriterien eingegangen, die die oben festgelegten Anforderungen in ausreichendem Maße erfüllen und deshalb für das zu entwickelnde Verfahren zur anwenderorientierten Dezentralisierung von PPS-Systemen ausgewählt wurden.

5.2 Kriterien zur Beurteilung der Abspaltungseignung von PPS-Funktionen (Abspaltungskriterien)

Abspaltungskriterien beschreiben das Objekt, die Verrichtung, den Zeit- oder Ortsaspekt **einer** PPS-Funktion, um durch den Vergleich der einzelnen PPS-Funktionen auf eine mehr oder weniger starke Eignung zur Abspaltung zu schließen.

Die nachfolgenden Darstellungen der Abspaltungskriterien erfolgen jeweils in drei Schritten: Zuerst werden das Abspaltungskriterium und seine Wirkungsweise erläutert, weiterhin wird kurz auf die Überprüfung des Abspaltungskriteriums anhand der oben definierten Anforderungen eingegangen, und abschließend werden die Abspaltungskriterien operationalisiert.

Um eine bessere Übersichtlichkeit des Kapitels zu gewährleisten, sind nachfolgend die Abspaltungskriterien in ihrer Gliederungsstruktur aufgeführt:

- objektbezogen: - Detaillierungsgrad
- verrichtungsbezogen: - Dispositionsspielraum
  - Dialogbedarf
  - Rechenintensität
- zeitbezogen: - zeitlicher Horizont
- ortsbezogen: - Eingangsdatenherkunft
  - Ausgangsdatenverwendung

5.2.1 Objektbezogenes Abspaltungskriterium

Folgendes Kriterium bewertet die Abspaltungseignung einer Funktion anhand der Eigenschaften des Funktionsobjektes:

Detaillierungsgrad

PPS-Funktionen können sinnvoll nur dort durchgeführt werden, wo das Know-how und die benötigten Informationen für die Funktionsdurchführung vorhanden sind. Eine große Zahl von Informationen, die für eine leistungsfähige Funktionsausführung benötigt werden, liegen nicht im EDV-System vor [vgl. KEMMNER, TREULING 1989b, S. 46]. Details über konkrete Vorgänge in der Fertigung kennen die Mitarbeiter, die engen Kontakt zur Fertigung haben, am besten. Daher sollten fertigungsnahe PPS-Funktionen dezentral durchgeführt werden.

Der 'Detaillierungsgrad' kann als ein Maß für die Fertigungsnähe einer PPS-Funktion aufgefaßt und somit auch für die Beurteilung der Abspaltungseignung einer PPS-Funktion herangezogen werden. Je detaillierter die Objekte der PPS-Funktion betrachtet werden, desto fertigungsnäher ist diese PPS-Funktion und desto größer ihre Abspaltungseignung.

Nach AUCH [1989, S. 26] sollte im Vergleich zur heutigen Situation zukünftig lediglich eine 'Rumpf-PPS' zentral erhalten bleiben, die eine Grobplanung vornimmt und die detailliert arbeitende dezentrale 'Vor-Ort-PPS' koordiniert.

Überprüfung der Anforderungen:

Anhand dieses Abspaltungskriteriums soll beispielhaft die Erfüllung der Anforderungen diskutiert werden:

Wie vorausgehend dargestellt, erscheint es plausibel, fertigungsnahe PPS-Funktionen dezentral durchzuführen. Ob durch die Dezentralisierung detailliert arbeitender Funktionen grundsätzlich eine Effizienzsteigerung erreicht werden kann, ist deshalb noch nicht sichergestellt. Aus diesem Grunde wird das

Abspaltungskriterium bezüglich der Effizienzorientierung nur als teilweise erfüllt eingestuft.

Bei der Frage, ob eine PPS-Funktion zentral oder dezentral ausgeführt werden soll, bietet das Abspaltungskriterium 'Detaillierungsgrad' eine eindeutige Entscheidungshilfe. Somit ist die Anforderung der 'Entscheidungsrelevanz' als erfüllt anzusehen. Entsprechendes gilt für die Anforderungen 'Differenzierung' und 'Allgemeingültigkeit', da das Abspaltungskriterium für unterschiedliche PPS-Funktionen unterschiedliche Erfüllungsgrade annimmt und auf alle zu beurteilenden PPS-Funktionen angewendet werden kann.

Die Operationalisierung des Abspaltungskriteriums 'Detaillierungsgrad' erfolgt durch eine Expertenbefragung (siehe unten). Hiermit ist sichergestellt, daß die Erfüllungsgrade dieses Abspaltungskriteriums möglichst objektiv festgelegt werden. Die Anforderung 'Reproduzierbarkeit' ist hiermit in vollem Umfang erfüllt. Die vor einem konkreten Anwendungsfall erfolgte Festlegung der Erfüllungsgrade dieses Abspaltungskriteriums zeigt direkt seine 'Präjudizierbarkeit'. Die 'Präjudizierbarkeit' eines Dezentralisierungskriteriums ist jedoch auch dann gegeben, wenn dessen Erfüllungsgrade unternehmensspezifisch, also nicht vor, sondern erst im konkreten Anwendungsfall festgelegt werden. Die 'Präjudizierbarkeit' zeigt sich in diesem Falle darin, daß man Aussagen über die Erfüllungsgrade des Abspaltungskriteriums treffen kann, ohne daß eine Realisierung des angestrebten dezentralisierten PPS-Systems erfolgen muß.

Die Erfüllungsgrade des Abspaltungskriteriums 'Detaillierungsgrad' lassen sich unabhängig von der Auswahl und den Erfüllungsgraden anderer Abspaltungskriterien ermitteln, womit die Anforderung der 'Unabhängigkeit' erfüllt ist.

Die vorausgegangene Diskussion der Anforderungen wäre ohne die 'Operationalisierbarkeit' des Abspaltungskriteriums 'Detaillierungsgrad' nicht möglich gewesen.

Die Anforderung der 'Redundanzfreiheit' kann nicht isoliert für ein Dezentralisierungskriterium überprüft werden. Jedes neu ausgewählte Dezentralisierungskriterium muß dahingehend überprüft werden, ob es zu einem bereits ausgewählten Dezentralisierungskriterium redundant ist. Sollte dies der Fall sein, so ist abzuwägen, welches der redundanten Dezentralisierungskriterien ausgewählt werden soll. Die Anforderung der Redundanzfreiheit kann im konkreten Anwendungsfall anhand einer Korrelationsanalyse überprüft werden, wie im Fallbeispiel des Kapitels 6 noch genauer gezeigt werden wird.

Operationalisierung:

Zur Operationalisierung des Detaillierungsgrades (DG) ist es erforderlich, die Objekte der PPS-Funktionen mit den zugehörigen Spezifikationsgraden zu betrachten. PPS-Funktionen nehmen nicht alle auf das gleiche Objekt Bezug, deshalb soll zur Erfüllung der Forderung nach Allgemeingültigkeit mit den Produktionsfaktoren 'Personal', 'Material' und 'Betriebsmittel' als Objekte[1] gearbeitet werden. Diese Objekte sind hinsichtlich der Detailliertheit zu bewerten, mit der sie aus dem Blickwinkel der zu beurteilenden PPS-Funktion betrachtet werden.

Da die PPS-Funktionen mehrere Objekte behandeln, erscheint es sinnvoll, den Detaillierungsgrad aus dem Mittelwert der Detaillierungsgrade der einzelnen Objekte einer PPS-Funktion zu bestimmen (vgl. Abb. 5.2). Auf diese Weise wird eine Vergleichbarkeit aller PPS-Funktionen auch dann erzielt, wenn nicht alle PPS-Funktionen die gleichen Objekte behandeln.

Die unterschiedlichen Detaillierungsgrade der Objekte 'Personal', 'Material' und 'Betriebsmittel' sind in Abb. 5.2 dargestellt.

Aus der Kriterienbeschreibung wird ersichtlich, daß das Kriterium 'Detaillierungsgrad' zu maximieren ist, um eine hohe Abspaltungseignung zu erzielen.

Die Zuordnung der PPS-Funktionen zu den unterschiedlichen Erfüllungsgraden des 'Detaillierungsgrades' läßt sich unternehmensneutral festlegen und wurde durch eine Expertenbefragung mit Fachleuten aus Forschung und Industrie vorgenommen. Das Ergebnis dieser Zuordnung ist im Anhang in Abb. 9.1 dargestellt.

---

[1] Im Rahmen des Gruppierungsschrittes werden die Objekte einer PPS-Funktion beim Gruppierungskriterium 'Ähnlichkeit der Objekte' nochmals aufgegriffen. Dort wird den Objekten als vierter Produktionsfaktor die 'Information' hinzugefügt und wie die anderen drei Produktionsfaktoren weiter spezifiziert. Eine Detaillierung des Objektes 'Information' hat sich als schlecht handhabbar herausgestellt.

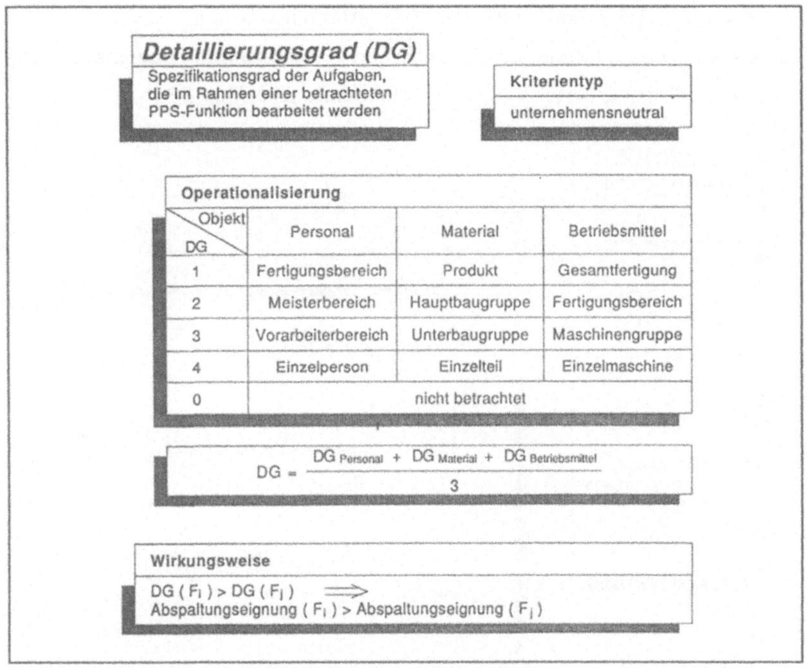

Objekt DG	Personal	Material	Betriebsmittel
1	Fertigungsbereich	Produkt	Gesamtfertigung
2	Meisterbereich	Hauptbaugruppe	Fertigungsbereich
3	Vorarbeiterbereich	Unterbaugruppe	Maschinengruppe
4	Einzelperson	Einzelteil	Einzelmaschine
0	nicht betrachtet		

Abb. 5.2: Operationalisierung des Abspaltungskriteriums 'Detaillierungsgrad'

Die Auswahl der entsprechend der PROMETHEE-Methode jedem Kriterium zuzuordnenden Präferenzfunktion und ihrer Parameter wurde ebenfalls im Rahmen einer Expertenbefragung durchgeführt und soll nachfolgend exemplarisch dargestellt werden.

Als geeigneter Präferenzfunktionstyp ergab sich für das Abspaltungskriterium 'Detaillierungsgrad' der verzögerte lineare Anstieg (Typ V), da schon geringe Unterschiede im Detaillierungsgrad zwischen zwei zu vergleichenden PPS-Funktionen zu einer Präferenz in der Abspaltungseignung führen. Dieser Typ ist sehr flexibel einsetzbar, da er erlaubt, durch entsprechende Parameterwahl einen Indifferenzbereich festzulegen, innerhalb dessen Unterschiede in den Erfüllungsgraden eines Kriteriums bei zwei zu vergleichenden PPS-Funktionen noch zu keiner Präferenz in der Abspaltungseignung führen. Aus diesem Grund wird dieser Präferenzfunktionstyp bei fast allen Dezentralisierungskriterien angesetzt.

Zur Festlegung der Parameter der Präferenzfunktion wurden in einer Expertenrunde den Differenzen d_{DG} der Kriterienausprägungen Präferenzwerte P_{DG} zugeordnet. Einen Überblick über die Zuordnung gibt <u>Abb. 5.3</u>.

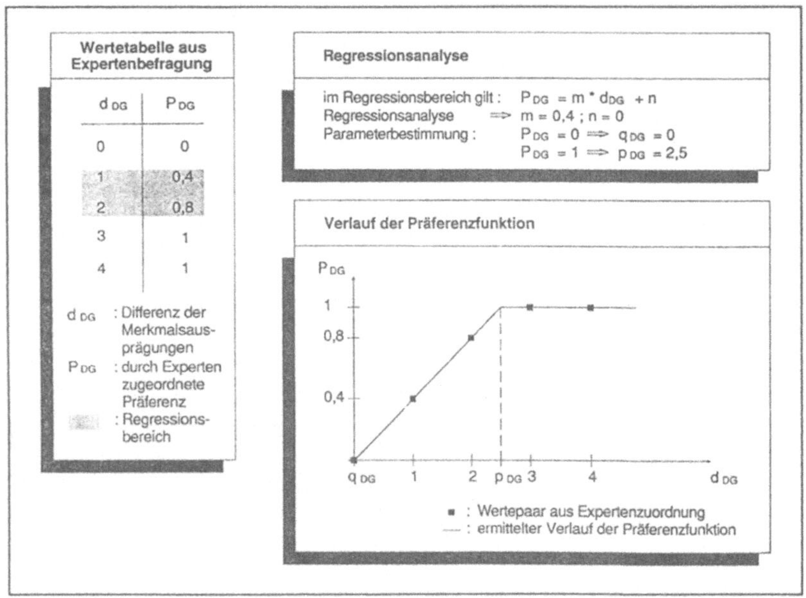

Abb. 5.3: Parameterfestlegung des Abspaltungskriteriums 'Detaillierungsgrad'

Mittels der Regressionsanalyse wurden aus einem für die Festlegung der Steigungsstrecke als relevant erkannten Bereich der Expertenzuordnung[1] die Parameter der Präferenzfunktion auf eine Dezimalstelle genau bestimmt. Aus der durch die Regressionsrechnung ermittelten Geradengleichung lassen sich die Knickstellen p_{DG} und q_{DG} dadurch berechnen, daß die Präferenz P_{DG} zum einen mit '1' (zur Berechnung von p_{DG}) und zum anderen mit '0' (zur Berechnung von q_{DG}) gleichgesetzt wird. Die Regressionsanalyse führt zu dem Ergebnis, daß die Verzögerung q_{DB} zu '0' wird .

---

[1] Eine Verwendung sämtlicher von den Experten festgelegten Wertepaaren ist aufgrund der Knickstellen der Präferenzfunktionen nicht sinnvoll.

5.2.2 Verrichtungsbezogene Abspaltungskriterien

Die Merkmale der Tätigkeiten bei der Durchführung einer PPS-Funktion werden im folgenden zur Bewertung der Abspaltungseignung untersucht:

Dispositionsspielraum

Richtig verstandene PPS-Systeme müssen nach HACKSTEIN [1989, S. 303] die Tätigkeits-und Entfaltungsspielräume der Mitarbeiter verbessern. Die Verlagerung von Entscheidungs-und Handlungsbefugnissen von Mitarbeitern höherer Unternehmensebenen zu denen tieferer hat eine Steigerung der Akzeptanz, der Motivation und der Qualifikation der Anwender zur Folge.

Die Dezentralisierung dispositiver Tätigkeiten und somit die Schaffung unterlagerter Regelkreise ist nicht nur aus der Sicht des Anwenders, sondern auch aufgrund der veränderten Fertigungsstrukturen notwendig. *"Die Dynamik der Steuerungsprozesse in heterogenen Fertigungsstrukturen erfordert die Schaffung unterlagerter Regelkreise, die vor allem über eine Dezentralisierung der PPS-Funktionen erreicht werden kann"* [EVERSHEIM, SCHMITZ-MERTENS, WIEGERSHAUS 1989, S. 76]

Vor allem *"dem hochqualifizierten Maschinenbediener sind mehr Freiheiten bei der Bearbeitung von Aufträgen einzuräumen, (...) denn oft kennt er die Probleme der Maschinen am besten und kann entsprechend darauf reagieren."* [SCHEER, HERTERICH, ZELL 1989, S. 56].

Die Verlagerung von Tätigkeits- und Entfaltungsspielräumen wird durch neue Kommunikationstechniken ermöglicht. Das Delegationsrisiko ist durch bessere Übertragungsmöglichkeiten komplexer Informationen zum Entscheider vor Ort und durch bessere Rückkopplungsmöglichkeiten gesunken [vgl. PICOT 1985, S. 384].

Entscheidungs- und Handlungsbefugnisse sind daher so weit wie möglich zu dezentralisieren, um ein ausgewogenes Verhältnis von Organisation und Disposition zu realisieren, welches für die langfristige Erhaltung des Unternehmens von größter Bedeutung ist. *"Entscheidend für die dezentrale Disposition ist der Dispositionsspielraum"* [HABICH 1989, S. 74], der die Entscheidungs- und Handlungsfreiheit, die der Ausführende einer PPS-Funktion bei deren Durchführung hat, darstellt.

Werden Entscheidungs- und Handlungsbefugnisse dezentralisiert, dann müssen nach HÖFER [1985, S. 515] auch die notwendigen Werkzeuge und Methoden, um die Aufgabe durchzuführen, also die entsprechenden PPS-Funktionen, dezentralisiert werden. Somit sind also Funktionen, deren Dispositionsspielraum einer tiefen Handlungs- und Entscheidungsebene im Unternehmen zugeteilt werden kann, geeigneter zur Abspaltung als Funktionen, deren Dispositionsspielraum einer hohen Ebene zugeteilt werden muß.

Überprüfung der Anforderungen:

Das Kriterium 'Dispositionsspielraum' erfüllt die Anforderungen in ausreichendem Maße, um die Abspaltungseignung von PPS-Funktionen zu beurteilen. Hier wird auch und gerade die Forderung nach Effizienzorientierung erfüllt, da eine Dezentralisierung von PPS-Funktionen auf eine möglichst fertigungsnahe betriebliche Ebene nachgewiesenermaßen zu besserer Effizienz der Aufgabenbewältigung beiträgt [vgl. KÖHL, ESSER, KEMMNER, FÖRSTER 1989, S. 49].

Operationalisierung:

Ausgangspunkt der Operationalisierung des Abspaltungskriteriums 'Dispositionsspielraum' sind die unterschiedlichen Hierarchieebenen des Unternehmens. SCHEER, HERTERICH und ZELL [1989, S. 52] gehen bei einer rechnerorientierten Betrachtungsweise von den folgenden vier Ebenen aus:

- Betriebsebene,
- Leitebene,
- Zellen- bzw. Systemebene und
- Maschinenebene.

In dieser Arbeit ist in der Regel von Unternehmen und nicht von Betrieben die Rede, aus diesem Grunde soll die Betriebsebene zukünftig als 'Unternehmensebene' bezeichnet werden. Der Begriff 'Leitebene' ergibt sich aus der rechnerorientierten Betrachtungsweise bei der Einteilung der vier Ebenen. Die auf einer Leitebene eingesetzten EDV-Systeme ('Leitrechner') überwachen einen bestimmten Bereich eines Unternehmens. Der Begriff 'Leitebene' wird deshalb durch die Formulierung 'Bereichsebene' ersetzt. PPS-Funktionen werden im allgemeinen oberhalb der Maschinenebene abgewickelt, daher erscheint es für diesen Anwendungsfall sinnvoll, die unteren beiden Ebenen zusammenzufassen und als 'Ausführungsebene' zu bezeichnen.

Somit ergibt sich folgende Struktur:

- Unternehmensebene,
- Bereichsebene und
- Ausführungsebene.

Die Zuordnung der PPS-Funktionen zu den Ebenen der Entscheidungsbefugnis sollte nicht unternehmensspezifisch durchgeführt werden, da die Objektivität der Beurteilung nicht beeinträchtigt werden soll. Mittels der in Kapitel 2 dargestellten Definition der einzelnen PPS-Funktionen ist es möglich, für jede einzelne PPS-Funktion allgemeingültig festzulegen, welche Ebene im Unternehmen die tiefstmögliche ist, auf der die PPS-Funktion ausgeführt werden kann. Hierzu wurde wieder auf die Expertenbefragung zurückgegriffen (siehe <u>Abb. 9.2</u> im Anhang).

Bei der Festlegung der Ebenen war eine klare Abgrenzung zwischen den Ebenen nicht immer möglich. Um eine Zuordnung zu vereinfachen, wurden auch Zwischenstufen zugelassen, so daß das Kriterium über fünf mögliche Merkmalsausprägungen verfügt. Aus der Forderung nach einer Verlagerung auf die tiefstmögliche Ebene der Entscheidungsbefugnis ergibt sich in Verbindung mit der

Zuordnung der Skala nach <u>Abb. 5.4</u>, daß das Kriterium Disposionsspielraum zu minimieren[1] ist.

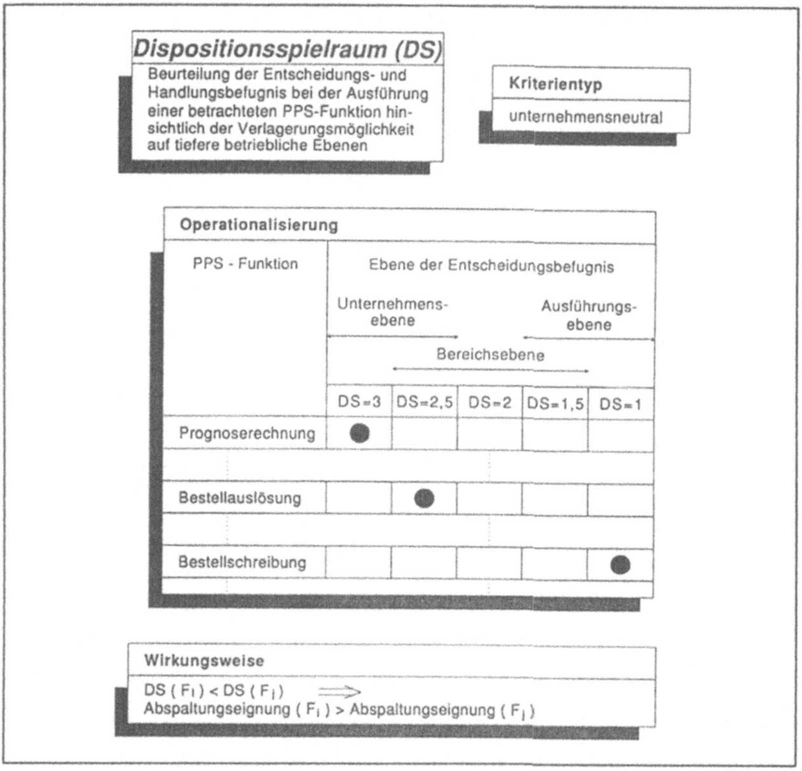

Abb. 5.4: Operationalisierung des Abspaltungskriteriums 'Dispositionsspielraum'

Die Parameterbestimmung für den ausgewählten Präferenzfunktionstyp V mittels Regressionsanalyse ist in <u>Abb. 5.5</u> wiedergegeben.

---

[1] Die Tatsache der 'Minimierung' des Dispositionsspielraumes ist relativ zu sehen. Aus dem Blickwinkel des Zentralsystems werden diejenigen PPS-Funktionen abgespaltet, die den geringsten Dispositionsspielraum aufweisen. Aus dem Blickwinkel des Anwenders führt die Übernahme einer solchen PPS-Funktion zu einer Erweiterung seines bisherigen Dispositionsspielraumes.

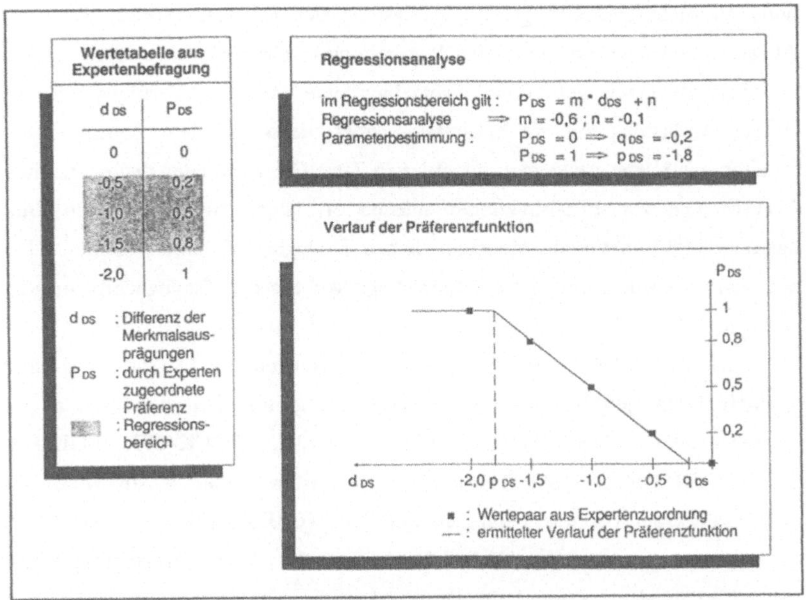

Abb. 5.5: Parameterfestlegung des Abspaltungskriteriums 'Dispositionsspielraum'

Der im Vergleich zum 'Detaillierungsgrad' an der Ordinate gespiegelte Verlauf der Präferenzfunktion liegt darin begründet, daß das Kriterium 'Dispositionsspielraum' zu minimieren ist.

Dialogbedarf

"Die mangelnde Reaktionsfähigkeit heutiger PPS-Systeme ist vorrangig auf ihren zentralistischen Aufbau und ihre batch-orientierte Arbeitsweise zurückzuführen" [EVERSHEIM, SCHMITZ-MERTENS, WIEGERSHAUS 1989, S. 76]. Die Reaktionsfähigkeit eines PPS-Systems kann demnach durch Dezentralisierung und Dialogisierung verbessert werden.

Auch nach KURBEL [1985, S. 512] hat die 'Dialogisierung' von Batch-Funktionen eine Steigerung der Effizienz zur Folge. PPS-Funktionen, bei denen anwenderseitig ein Bedarf zur Dialogverarbeitung besteht, sollten daher, wenn möglich, im Dialog durchgeführt werden. Eine Bearbeitung im Dialog setzt eine hohe Verfügbarkeit und geringe Auslastung des Rechners voraus, da lange Antwortzeiten eine dialogintensive Bearbeitung erschweren.

Zentralrechner weisen im allgemeinen eine geringere Verfügbarkeit und höhere Auslastung auf als Subsystemrechner, denn auf dem Zentralrechner arbeiten zahlreiche Anwender zur gleichen Zeit. Die Anwender dialogintensiver EDV-Module von PPS-Funktionen müssen oft lange Antwortzeiten in Kauf nehmen. PPS-Funktionen, die einen hohen Dialogbedarf haben, sollten daher abgespalten werden, um so die Randbedingungen für eine Dialogbearbeitung zu verbessern.

Nach BURGARD, NISSING [1987, S. 28] soll die zur Durchführung einer Dialogfunktion jeweils benötigte EDV-Leistung an den Arbeitsplatz des entsprechenden Sachbearbeiters verlagert werden. ROCKART, BULLEN, LEVENTER [1977, S. 35] führen dieses Kriterium in der selben Weise zur Dezentralisierungsvorentscheidung an, und KRONEBERG [1987, S. 4] stellt fest, daß *"dialogintensive, graphische Verarbeitungen beim Arbeitsplatzrechner angesiedelt werden, während globale Speicherinformationen bzw. rechenintensive Funktionen beim Mainframe bleiben."*

Überprüfung der Anforderungen:

Das Kriterium 'Dialogbedarf' erfüllt alle Anforderungen und kann somit zur Dezentralisierungsvorentscheidung herangezogen werden.

Operationalisierung:

Ausgangspunkt der Operationalisierung des Abspaltungskriteriums 'Dialogbedarf' (DB) sind die von WILDEMANN [1987, S. 23] erarbeiteten Dialogisierungsursachen. Darauf aufbauend wurde eine Zuordnung der PPS-Funktionen (der hier verwendeten Gliederung) zu den einzelnen Dialogmerkmalen vorgenommen, die auszugsweise in Abb. 5.6 dargestellt ist. Eine vollständige Zusammenstellung dieser Bewertung ist im Anhang in Abb. 9.3 zu finden.

Die Anmerkung Wildemanns, daß *"eine hinreichende Beurteilung der Dialogeignung (...) nur im spezifischen Anwendungsfall unter Berücksichtigung der zur Verfügung stehenden Hard- und Software möglich"* ist [WILDEMANN 1987,

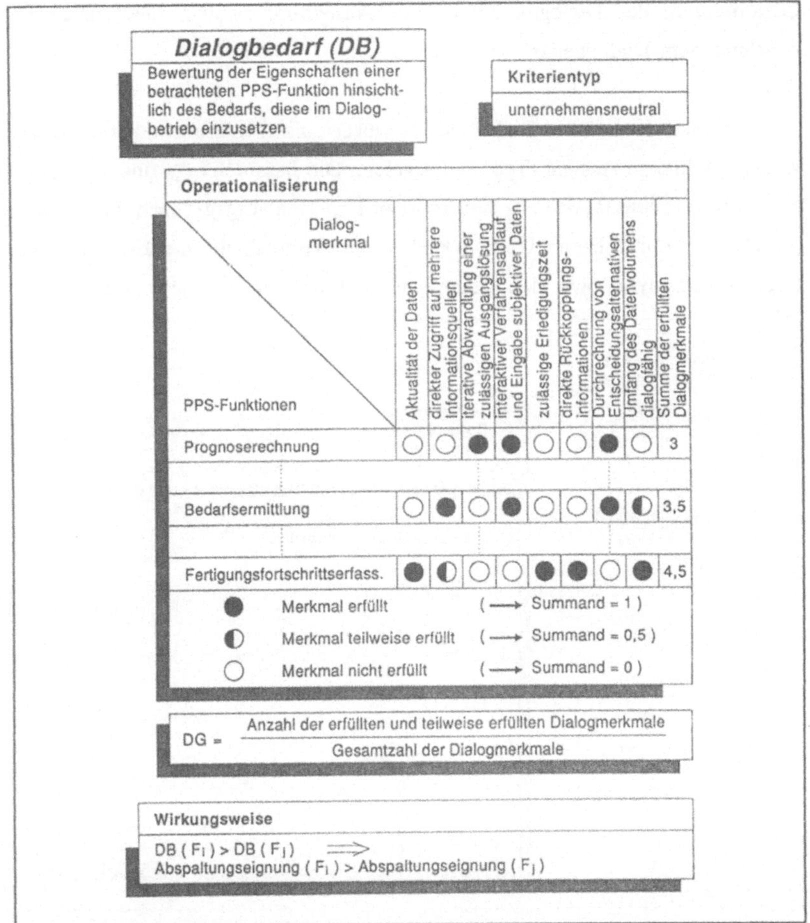

$$DG = \frac{\text{Anzahl der erfüllten und teilweise erfüllten Dialogmerkmale}}{\text{Gesamtzahl der Dialogmerkmale}}$$

$$DB(F_i) > DB(F_j) \implies \text{Abspaltungseignung}(F_i) > \text{Abspaltungseignung}(F_j)$$

Abb. 5.6: Operationalisierung des Abspaltungskriteriums 'Dialogbedarf'

S. 24], trifft für diesen Anwendungsfall nicht zu, da die Zielsetzung eine Neustrukturierung des PPS-Systems, ggf. mit neuer, bedarfsadäquater Systemkonfiguration, ist. Somit kann das Kriterium als unternehmensneutral betrachtet werden.

Der Dialogbedarf einer PPS-Funktion ergibt sich aus dem Quotienten der erfüllten Dialogmerkmale (unter Berücksichtigung des Erfüllungsgrades) und der

Gesamtanzahl der Dialogmerkmale. Die Abspaltungseignung steigt daher mit zunehmendem Dialogbedarf.

Für das Kriterium Dialogbedarf wurde als Präferenzfunktionstyp der verzögerte lineare Anstieg (Typ V) festgelegt. Die Parameter p_{DB} und q_{DB} wurden mittels Regressionsanalyse aus den, von den Experten vorgegebenen Wertepaaren $(d_{DB};P_{DB})$ bestimmt. Einen Überblick über die Wertetabelle, die Ergebnisse der Regressionsanalyse sowie den Verlauf der Präferenzfunktion gibt <u>Abb. 5.7</u>.

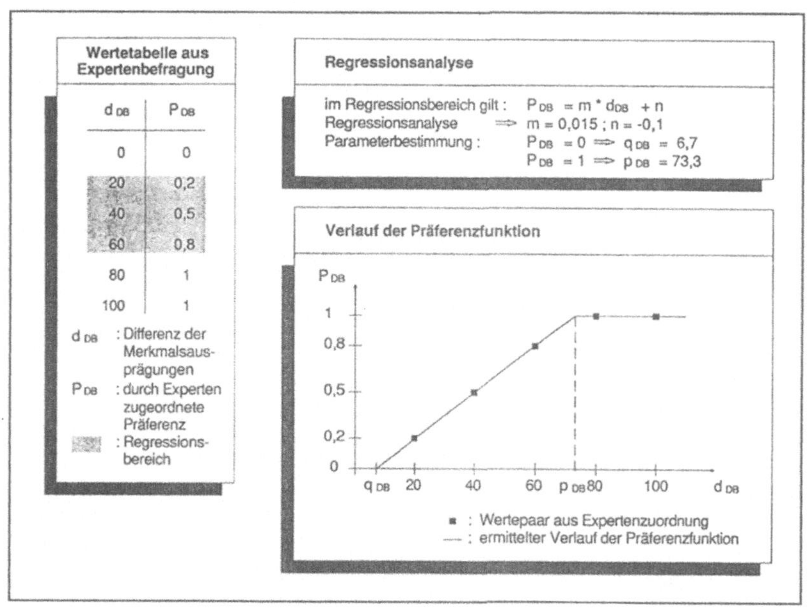

Abb. 5.7: Parameterfestlegung des Abspaltungskriteriums 'Dialogbedarf'

Rechenintensität

Der Zentralrechner eines dezentralen PPS-Systems verfügt, im Vergleich zu den weiteren Recheneinheiten, in der Regel über die größte Rechenleistung. Vergleicht man zwei Funktionen bzgl. ihrer Abspaltungseignung miteinander, dann ist diejenige Funktion besser zur Abspaltung geeignet, die das Subsystem zeitlich weniger auslastet, die also eine geringere 'Rechenintensität' aufweist.

Das Abspaltungskriterium 'Rechenintensität' dient nicht zur Entscheidung, ob eine PPS-Funktion auf dem Zentralrechner oder auf Subsystemrechnern 'schneller' läuft, sondern soll eine effiziente Nutzung der vorhandenen Rechenleistung und EDV-Kapazität gewährleisten. Dies wird am besten dadurch sichergestellt, daß rechenintensive Funktionen auf dem Rechner durchgeführt werden, der die größere Rechenleistung besitzt [vgl. ROCKART, BULLEN, LEVENTER 1977, S. 35 und BURGARD, NISSING 1987, S. 28]. Dies ist im Normalfall der Zentralrechner.

Das Kriterium 'Rechenintensität' erfaßt Aspekte, die von einigen Autoren als eigenständige Dezentralisierungskriterien angeführt werden:

1. <u>Datenvolumen:</u>

Je größer das Datenvolumen ist, desto geringer ist die Abspaltungseignung [vgl. ROCKART, BULLEN, LEVENTER 1977, S. 35 und MARTINY 1985, S. 85]

2. <u>Ausführungshäufigkeit:</u>

Der Grad der Belastung eines Subsystems hängt u.a. auch von der Häufigkeit ab, mit der eine Funktion ausgeführt wird. Je häufiger eine Funktion durchgeführt wird, desto mehr Rechnerkapazität nimmt sie in Anspruch, und desto weniger ist sie zur Abspaltung geeignet.

NISSING [1982, S. 77] und BURGARD, NISSING [1987, S. 28] führen die Ausführungshäufigkeit als Dezentralisierungskriterium an, jedoch vor einem anderen Hintergrund. Es wird argumentiert, daß PPS-Funktionen, die häufig ausgeführt werden, ein hohes Maß an Aktualität erfordern und deshalb abzuspalten sind. Hier wird der Begriff 'Rechenintensität' anders definiert. In der Tat stellt die erforderliche Aktualität ein Abspaltungskriterium dar, das an anderen Stellen (s. 'Dialogbedarf', 'zeitlicher Horizont') aufgegriffen wird. An dieser Stelle wird die Ausführungshäufigkeit als Maß für die Auslastung eines Rechners verwendet und hat somit die im vorausgegangenen Absatz dargestellte Wirkung.

3. Komplexität:

Datenvolumen und Ausführungshäufigkeit reichen zur Beschreibung der 'Rechenintensität' nicht aus. Als drittes Teilkriterium ist die Komplexität der Rechenoperationen zu berücksichtigen. Funktionen, die eine komplexe Operationsstruktur z.B. mit zahlreichen Abfragen, Verzweigungen und Wiederholungen aufweisen, belasten ein EDV-System stärker als solche, deren Operationen einfach strukturiert sind (einfache Addition etc).

Die 'Komplexität' wird von einigen Autoren unabhängig von der 'Rechenintensität' als Abspaltungskriterium angeführt. Dort wird eine Bewertung der Abspaltungseignung anhand der Komplexität der Entscheidungssituation und, nicht wie hier, anhand der Komplexität der Operationen vorgenommen.

Keines der drei Teilkriterien kann eigenständig die Abspaltungseignung bewerten, da sie sich gegenseitig beeinflussen und damit die grundsätzliche Anforderung der 'Unabhängigkeit' nicht erfüllen. Erst die Verknüpfung dieser drei Teilkriterien zum Abspaltungskriterium 'Rechenintensität' erlaubt eine Bewertung der Abspaltungseignung.

Überprüfung der Anforderungen:

Der Ausprägungsgrad des Kriteriums 'Rechenintensität' ist anhand der drei Teilkriterien 'Datenvolumen', 'Ausführungshäufigkeit' und 'Komplexität' zu ermitteln. Die 'Komplexität' ist nur bedingt präjudizierbar und die Festlegung ihrer Erfüllungsgrade nur teilweise reproduzierbar. Die 'Komplexität' konnte bisher noch nicht ausreichend durch Merkmale beschrieben werden, die eine Operationalisierung ermöglichen [vgl. LUHMANN 1980, Sp. 1065], so daß bei der Operationalisierung eine pauschale Wertzuweisung erfolgen muß, welche die Anforderung der Operationalisierbarkeit nur teilweise erfüllen kann.

Alle weiteren Anforderungen sind erfüllt, weshalb die 'Rechenintensität' zur Bewertung der Abspaltungseignung herangezogen werden kann.

Operationalisierung:

Bei der Operationalisierung der Rechenintensität müssen die Merkmale Datenvolumen je Funktionsausführung, Ausführungshäufigkeit und Komplexität der betreffenden PPS-Funktion berücksichtigt werden.

Datenvolumen:

Das je Funktionsausführung zu verarbeitende Datenvolumen muß im Anwenderunternehmen durch Fachleute mit ausreichendem Hintergrundwissen (beispielsweise durch EDV-Spezialisten) ermittelt werden. Da sich das verarbeitete Datenvolumen auf eine große Bandbreite erstrecken kann, kommt es bei der Erfassung von Zahlenwerten nur auf größenordnungsmäßige Angaben an.

Ausführungshäufigkeit:

Die Ausführungshäufigkeit der Funktion kann ohne großen Aufwand vom Anwender, z.B. mittels Erfassungsbögen, ausgehend von einem bestehenden PPS-System bzw. der Spezifikation zu entwickelnder EDV-Module festgestellt werden.

Komplexität:

Zur präziseren Operationalisierung der 'Komplexität' wäre es erforderlich, aber nicht praktikabel, die Algorithmen, die hinter den PPS-Funktionen stehen, in Grundsegmente zu zerlegen. Anschließend müßte eine Bewertung der Komplexität der Segmente vorgenommen werden und beispielsweise durch Summation der Segmentkomplexitäten die gesamte Komplexität der PPS-Funktion bestimmt werden. Gegen eine derartige Vorgehensweise sprechen mehrere Gründe:

Zum einen ist es häufig der Fall, daß zumindest dem Anwender der Algorithmus, der hinter einer PPS-Funktion steht, nicht bekannt ist. Zum anderen ist es möglich, daß trotz eines bekannten Algorithmus' die Komplexität nicht vollständig beschrieben werden kann, da sie vom konkreten Datenmaterial abhängt. Zur Verdeutlichung sei auf Iterationsschleifen oder Rekursionen hingewiesen, bei denen die Zahl der Durchläufe im voraus nicht festlegbar ist. In der Konzeptionsphase eines PPS-Systems kann außerdem nicht davon ausgegangen werden, daß der Algorithmus bereits feststeht.

Ein weiteres Argument gegen eine umfassende Operationalisierung des Teilkriteriums 'Komplexität' stellt der hohe Aufwand dar, der im unternehmensspezifischen Fall zu betreiben wäre, um, unter der Voraussetzung, daß alle notwendigen Daten zur Verfügung stehen, die Erfüllungsgrade dieses Teilkriteriums für die betrachteten PPS-Funktionen zu ermitteln. Die 'Komplexität' im Rahmen der Rechenintensität nicht zu betrachten, würde ebenfalls zu Fehlern führen, da der Einfluß der 'Komplexität' des Algorithmus' unübersehbar ist.

Die Operationalisierung der 'Rechenintensität' erfolgt, indem die einzelnen Teilkriterien multiplikativ miteinander verknüpft werden. Aufgrund der großen Bandbreite der drei Teilkriterien 'Datenvolumen', 'Ausführungshäufigkeit' und 'Komplexität' liegt es nahe, die Operationalisierung der 'Rechenintensität' in logarithmischer Form vorzunehmen, um zu handhabbaren Zahlenwerten zu gelangen:

$$RI = lg (DV \cdot AH \cdot KO').$$

Während 'Datenvolumen' und 'Ausführungshäufigkeit' konkret erfaßt werden können, muß die 'Komplexität' vom Anwender bewertet werden. Für die praktische Anwendung ist es übersichtlicher, hierfür eine begrenzte ordinale Skala vorzugeben, auf welcher der Anwender die 'Komplexitäten' der PPS-Funktionen durch subjektiven Vergleich festlegen kann. Hierzu wird die 'Komplexität' aus dem logarithmischen Term herausgenommen:

$$RI = lg (DV \cdot AH) + lg (KO') = lg (DV \cdot AH) + KO.$$

Diese Operationalisierung des Teilkriteriums 'Komplexität' ermöglicht es, die Anzahl der Erfüllungsgrade auf vier Stufen zu begrenzen (vgl. Abb. 5.8).

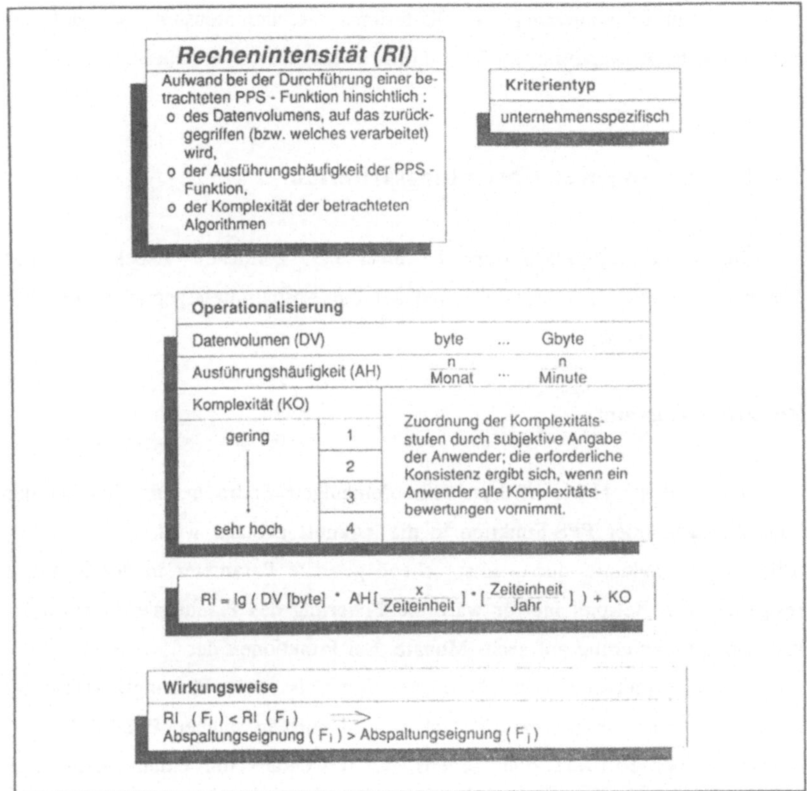

$$RI = \lg \left(DV\,[byte] \cdot AH\left[\frac{x}{Zeiteinheit}\right] \cdot \left[\frac{Zeiteinheit}{Jahr}\right] \right) + KO$$

Abb. 5.8: Operationalisierung des Abspaltungskriteriums 'Rechenintensität'

Bei der Berechnung der 'Rechenintensität' für die betrachteten PPS-Funktionen ist zu beachten, daß sämtliche Angaben auf das gleiche Zeitintervall (hier 'byte pro Jahr') bezogen werden.

Die Eigenheiten der einzelnen Unternehmen können nur durch eine unternehmensspezifische Erfassung der Ausprägungen des Kriteriums 'Rechenintensität' berücksichtigt werden. Daraus ergibt sich, daß die Festlegung der Parameter der Präferenzfunktion dieses Abspaltungskriteriums ebenfalls unternehmensspezifisch zu erfolgen hat, während als Typ der Präferenzfunktion wiederum der verzögerte lineare Anstieg (Typ V) angesetzt wird.

Zur Veranschaulichung des Kriteriums 'Rechenintensität' sei auf die exemplarische Anwendung des Verfahrens in Kapitel 6.2 verwiesen.

5.2.3 Zeitbezogenes Abspaltungskriterium

Dieses Abspaltungskriterium bewertet den zeitlichen Aspekt bei der Durchführung einer PPS-Funktion, um auf die Abspaltungseignung dieser PPS-Funktion zu schließen.

Zeitlicher Horizont

Der 'zeitliche Horizont' beschreibt denjenigen Zeitraum, um den bei der Durchführung einer PPS-Funktion in die Zukunft geblickt wird. Oft ist dieser 'Blick in die Zukunft' durch entsprechend gesetzte Parameter in der Software festgelegt. Ein Beispiel hierfür wäre die Fixierung des Planungshorizonts einer Kapazitätsterminierung auf sechs Monate. Bei Funktionen der Produktionssteuerung, wie beispielsweise der Arbeitsverteilung, ist kein Planungshorizont im eigentlichen Sinne feststellbar. Trotzdem wird auch in solchen PPS-Funktionen oft seitens der Software oder seitens des Anwenders mit einem bestimmten 'zeitlichen Horizont' gearbeitet. Dies wäre z.B. bei der Arbeitsverteilung der Fall, wenn der zuständige Sachbearbeiter für die einzelnen Mitarbeiter Auftragspakete über eine oder mehrere Schichten zusammenstellen würde. Hierfür müßte er zwangsläufig, auch ohne explizite Unterstützung durch das Software-Modul, um den Zeitraum von einer oder mehreren Schichten in die Zukunft blicken. Der 'zeitliche Horizont' kann als ein Maß für die strategische oder operative Ausrichtung einer Funktion verstanden werden [vgl. BLEICHER 1980, Sp. 2409]. Kurzfristige, operative Funktionen sind besser zur Abspaltung geeignet als langfristige, strategische, denn:

- Bei kurzfristigen, operativen Funktionen ist durch die Prozeßnähe[1] eine schnelle Reaktion auf Störeinflüße erforderlich. Ein zentralistisch aufgebautes PPS-System ist dazu nicht in der Lage [vgl. EVERSHEIM, SCHMITZ-MERTENS, WIEGERSHAUS 1989, S. 76]. Durch die Dezentralisierung der operativen Funktionen werden deren Informations- und Entscheidungswege kürzer und effektiver.

- Langfristige, strategisch ausgerichtete PPS-Funktionen sind wegen ihrer übergreifenden Bedeutung, ihrer hohen Relevanz und/oder wegen der erforderlichen Koordination zentral durchzuführen.

Nach KRONEBERG [1988, S. 10] sollten die PPS-Funktionen bei der Dezentralisierung so verteilt werden, daß PPS-Funktionen mit langem bis mittlerem Planungshorizont, wie die Kundenauftragseinplanung, zentral durchgeführt werden. Die kurzfristigen, nur Tage oder Stunden betreffenden Produktionssteuerungsaufgaben sollten dagegen in den teilautonomen Produktionsbereichen abgewickelt werden.

Überprüfung der Anforderungen:

Der 'zeitliche Horizont' ist als kardinaler Wert erfaßbar und damit gut operationalisierbar. Vergleicht man die Definition des 'Dispositionsspielraums' mit derjenigen des 'zeitlichen Horizonts', so ist ein kausaler Zusammenhang zwischen beiden Abspaltungskriterien zu vermuten: Je kürzer der 'zeitliche Horizont' einer PPS-Funktion, desto geeigneter erscheint diese PPS-Funktion für eine Abspaltung vom Zentralsystem. Je kürzer der 'zeitliche Horizont' einer PPS-Funktion ausfällt, desto geringer wird auch ihr 'Dispositionsspielraum'; je geringer der 'Dispositionsspielraum' einer PPS-Funktion ausfällt, desto mehr eignet sie sich für eine Abspaltung vom Zentralsystem.

---

[1] 'Prozeßnähe' darf hier nicht ausschließlich im Sinne von 'Fertigungsnähe' verstanden werden. Nicht jede PPS-Funktion ist mit ihren Aktivitäten auf die Fertigung ausgerichtet. 'Prozeßnähe' ist im Sinne der 'Nähe zum Tagesgeschäft' zu verstehen.

Hinter dieser kausalen Beziehung steckt kein starrer, formalisierbarer Zusammenhang. Weiterhin beziehen sich beide Abspaltungskriterien auf unterschiedliche Aspekte einer Dezentralisierung; beim 'Dispositionsspielraum' steht der Verrichtungsaspekt, beim 'zeitlichen Horizont' der zeitliche Aspekt im Vordergrund. Letztlich wird der 'Dispositionsspielraum' bewußt unternehmensneutral definiert, während der 'zeitliche Horizont' unternehmensspezifisch zu erfassen ist. Aus den hier aufgeführten Gründen sollen beide Abspaltungskriterien berücksichtigt werden. Die zu erwartende höhere Korrelation zwischen beiden Abspaltungskriterien kann durch entsprechende Gewichtungsvergaben im Rahmen der PROMETHEE-Methode ausgeglichen werden.

Außer der Anforderung 'Redundanzfreiheit', die als nur teilweise erfüllt einzustufen ist, wird der 'zeitliche Horizont' den Anforderungen an Abspaltungskriterien gerecht und kann zur Beurteilung der Abspaltungseignung herangezogen werden.

Operationalisierung:

Zur Operationalisierung des 'zeitlichen Horizonts' ist der Zeitraum zu erfassen, um den seitens des Anwenders oder durch entsprechende Parameterfestlegung im Software-Modul in die Zukunft geblickt wird. Da der 'zeitliche Horizont' je nach Anwendungsunternehmen stark variieren kann, soll er unternehmensspezifisch erfaßt werden. Ein Operationalisierungsansatz ist in Abb. 5.9 wiedergegeben.

Der Anwender baut eine unternehmensspezifische Zeitskala auf, die sich an den für die einzelnen PPS-Funktionen angegebenen Betrachtungszeiträumen orientiert. Nachdem eine unternehmensspezifische Zeitskala aufgebaut wurde, muß durch das Unternehmen eine Bewertung der Spannweiten zwischen den Ausprägungen der aufgebauten Zeitskala durchgeführt werden. Die Spannweite zwischen zwei aufeinanderfolgenden Ausprägungen der Zeitskala müssen hierzu mit einem Wert zwischen '0' (= kein Unterschied in der Bedeutung) und '5' (= großer Unterschied in der Bedeutung) bemessen werden. Aus der Spannweitenbeurteilung läßt sich eine, bezogen auf ein spezielles Unternehmen, absolute Bewertung der aufgebauten Zeitskala ableiten. Mit Hilfe dieser absoluten

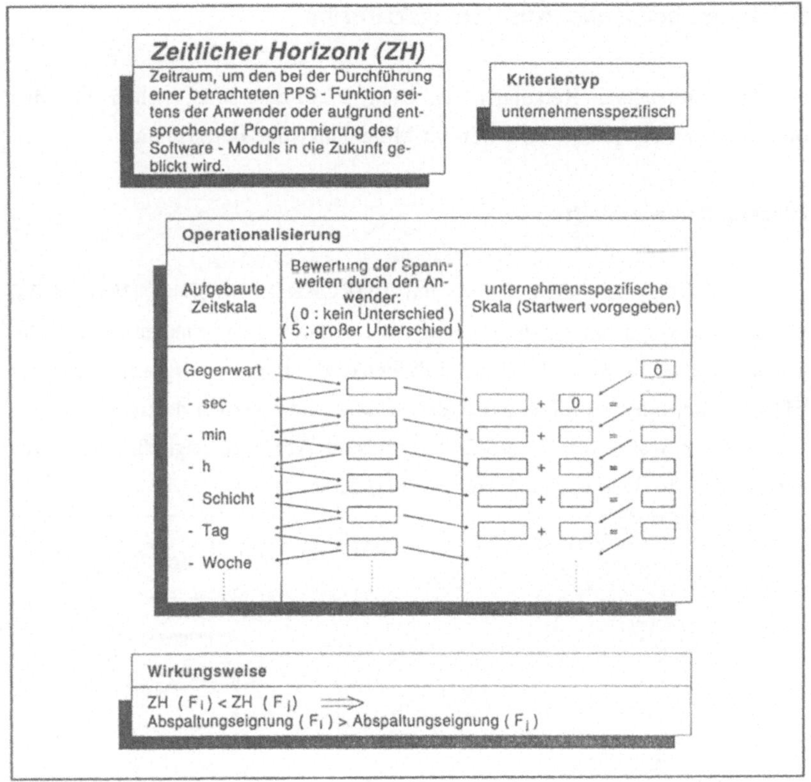

$$\text{ZH} (F_i) < \text{ZH} (F_j) \implies$$
$$\text{Abspaltungseignung} (F_i) > \text{Abspaltungseignung} (F_j)$$

Abb. 5.9: Operationalisierung des Abspaltungskriteriums 'Zeitlicher Horizont'

Zeitskala werden dem 'zeitlichen Horizont' für die betrachteten PPS-Funktionen Erfüllungsgrade zugewiesen. In Kapitel 6.2 wird diese Vorgehensweise anhand eines Fallbeispiels verdeutlicht.

Ebenfalls unternehmensspezifisch erfolgt die Festlegung der Parameter der Präferenzfunktion. Als Typ der Präferenzfunktion wird auch bei diesem Abspaltungskriterium der verzögerte lineare Anstieg (Typ V) festgelegt, da dieser durch entsprechende Parameterwahl sehr flexibel gestaltet werden kann.

5.2.4 Ortsbezogene Abspaltungskriterien

Die räumlichen Relationen zwischen PPS-Funktionen stehen bei den ortsbezogenen Abspaltungskriterien im Mittelpunkt der Betrachtung.

Eingangsdatenherkunft

Nach NISSING [1982, S. 76] und BURGARD, NISSING [1987, S. 28] können zwei Möglichkeiten der Eingangsdatenherkunft unterschieden werden. Die Eingangsdaten für die betrachtete PPS-Funktion stammen entweder aus dem EDV-System, oder sie fallen am Arbeitsplatz an und werden dort per Tastatur, Barcodeleser, Waage o.ä. in die EDV eingegeben. Abb. 5.10 zeigt ein Beispiel für unterschiedliche Herkunftsorte von Eingangsdaten.

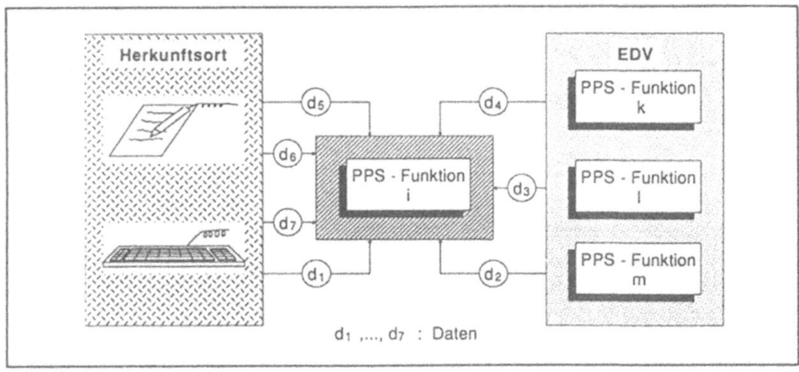

Abb. 5.10: Beispiele für die Herkunft der Eingangsdaten einer PPS-Funktion

Zwei Gründe sprechen dafür, PPS-Funktionen, bei denen ein großer Teil der Daten am Arbeitsplatz entsteht und dort in die EDV eingegeben wird, eher abzuspalten als solche, deren Daten zum größten Teil aus der EDV, d.h. von anderen PPS-Funktionen, kommen:

1. Ist der Anteil der Daten, die am Arbeitsplatz einer PPS-Funktion anfallen, groß gegenüber denjenigen Daten, die aus anderen PPS-Funktionen stammen, so hat die PPS-Funktion einen 'Endstellencharakter'. Sie ist wenig

in das Beziehungsnetz der PPS-Funktionen eingebunden und kann gut abgespalten werden.

2.   In der Regel ist dort, wo die Daten über bestimmte Vorgänge anfallen, das nicht EDV-technisch gespeicherte Wissen über die aktuelle Situation dieser Vorgänge am größten [vgl. KEMMNER, TREULING 1989b, S. 46]. Dort, sozusagen 'vor Ort', sollten die Mitarbeiter, die mit den entsprechenden Vorgängen von seiten der PPS befaßt sind, sitzen. Im Sinne der Dezentralisierung sollten die Mitarbeiter über die benötigte EDV-Leistung (Hardware- und Software) verfügen. Aus diesem Grunde ist es vorteilhaft, PPS-Funktionen dort durchzuführen, wo die erforderlichen Daten anfallen.

Überprüfung der Anforderungen:

Die Abspaltung einer PPS-Funktion aus den angeführten Gründen muß nicht zwangsläufig zur Steigerung der Effizienz bei der Aufgabenbewältigung und damit zu höherer Effizienz des gesamten PPS-Systems führen. Eine Reihe weiterer Einflußgrößen, allen voraus die Qualifikation des Arbeitsplatzinhabers, wirken sich auf die Effizienz der Abspaltungsmaßnahme aus. Die Effizienzorientierung des Abspaltungskriteriums 'Eingangsdatenherkunft' wird deshalb als nur teilweise erfüllt angesehen.

Operationalisierung:

Zur Operationalisierung der 'Eingangsdatenherkunft' (vgl. <u>Abb. 5.11</u>) sind die Eingangsdaten der betrachteten PPS-Funktion aufzulisten und nach ihren Herkunftsorten zu unterscheiden. Im Anschluß daran ist der Quotient aus der Anzahl der Eingangsdaten, die am Verwendungsort entstehen und der Gesamtanzahl der Eingangsdaten zu bilden. Aus dieser Definition ergibt sich, daß das Kriterium 'Eingangsdatenherkunft' zu maximieren ist.

Da das Abspaltungskriterium 'Eingangsdatenherkunft' stark von der konkreten Ausgestaltung einer PPS-Funktion im betrachteten Unternehmen abhängt, kann das Kriterium nicht unternehmensneutral erfaßt werden. Somit werden auch die

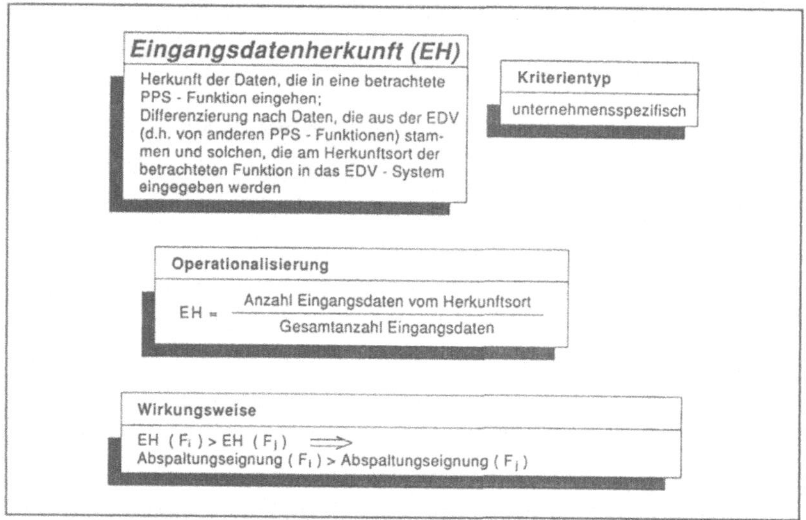

Abb. 5.11: Operationalisierung des Abspaltungskriteriums 'Eingangsdatenherkunft'

Parameter der Präferenzfunktion unternehmensspezifisch festlegt, wobei als Präferenzfunktionstyp, der verzögerte lineare Anstieg (Typ V) vorgesehen wird.

Ausgangsdatenverwendung

Ähnlich der 'Eingangsdatenherkunft' definieren BURGARD und NISSING [vgl. BURGARD, NISSING 1987, S. 28 und NISSING 1982, S. 76] auch den Verwendungsort der Funktionsergebnisse. Hier gelten entsprechende Überlegungen, wie bei der 'Eingangsdatenherkunft'. PPS-Funktionen, die durch intensiven Datenaustausch mit anderen PPS-Funktionen eine starke Einbindung in das EDV-System aufweisen, sind weniger zur Abspaltung geeignet als solche, die nur eine schwache Einbindung in das EDV-System aufweisen. Wenn die Ergebnisse einer PPS-Funktion zum großen Teil ausschließlich am Verwendungsort der PPS-Funktion benutzt werden, dann ist die Einbindung dieser PPS-Funktion in das Beziehungsnetz des PPS-Systems schwächer und somit die Abspaltungseignung größer als bei einer PPS-Funktion, deren Ergebnisse größtenteils auch von anderen PPS-Funktionen verwendet werden. <u>Abb. 5.12</u> zeigt exemplarisch verschiedene Verwendungsorte der Ausgangsdaten von PPS-Funktionen.

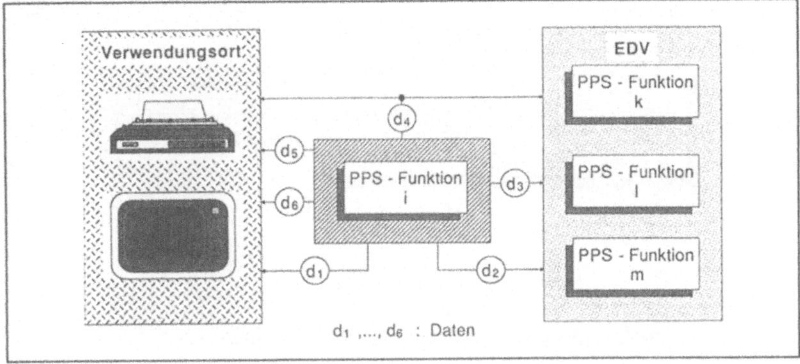

Abb. 5.12: Beispiel für die Verwendung von Ausgangsdaten von PPS-Funktionen

Überprüfung der Anforderungen:

Analog zur 'Eingangsdatenherkunft' erfüllt die 'Ausgangsdatenverwendung' die Anforderung der Effizienzorientierung nur teilweise. Eine Abspaltung von PPS-Funktionen mit hohen Erfüllungsgraden bei der 'Ausgangsdatenverwendung' führt nicht von selbst zu einer Steigerung der Effizienz des PPS-Systems. Zentrale PPS-Systeme sind ebenfalls in der Lage, Informationen 'vor Ort' bereitzustellen, hierfür ist keine Abspaltung der entsprechenden PPS-Funktion notwendig. Die Vorteile der Abspaltung ausgabeintensiver PPS-Funktionen sind darin zu suchen, daß sie im Rahmen des Gruppierungsschrittes geeigneten PPS-Funktionen 'vor Ort' zugewiesen werden und daß bei der Verlagerung ausgabeintensiver Funktionen auf Subsysteme meist bessere Möglichkeiten der Graphikverwendung bei der Datenausgabe und Darstellung am Bildschirm möglich sind.

Operationalisierung:

Die Operationalisierung des Kriteriums 'Ausgangsdatenverwendung' (vgl. <u>Abb. 5.13</u>) erfolgt analog zur Operationalisierung des Kriteriums 'Eingangsdatenherkunft'. Als Quotient wird hier die Anzahl der, hinsichtlich einer betrachteten PPS-Funktion, **nur** am Verwendungsort ausgegebenen Daten zur Gesamtanzahl der Ausgangsdaten in Beziehung gesetzt. Der festgelegten Definition zufolge ist das Kriterium zu maximieren.

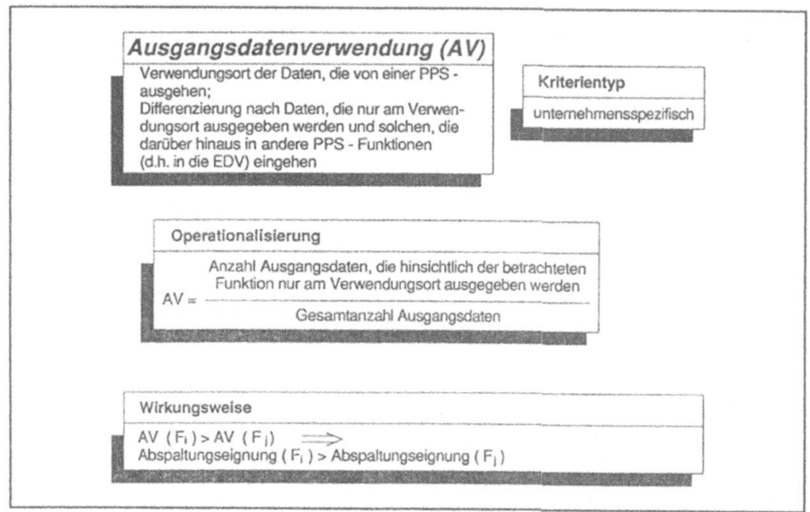

$$AV = \frac{\text{Anzahl Ausgangsdaten, die hinsichtlich der betrachteten Funktion nur am Verwendungsort ausgegeben werden}}{\text{Gesamtanzahl Ausgangsdaten}}$$

$$AV\,(F_i) > AV\,(F_j) \implies \text{Abspaltungseignung}\,(F_i) > \text{Abspaltungseignung}\,(F_j)$$

Abb. 5.13: Operationalisierung des Abspaltungskriteriums 'Ausgangsdatenverwendung'

Analog zur 'Eingangsdatenherkunft' ist auch die 'Ausgangsdatenverwendung' unternehmensspezifisch zu erfassen. Als Präferenzfunktionstyp findet wieder der verzögerte lineare Anstieg (Typ V) Verwendung; die Parameter der Präferenzfunktion werden unternehmensspezifisch festgelegt.

Hiermit stehen sieben Kriterien fest, die auf die Beurteilung der Abspaltungseignung von PPS-Funktionen ausgerichtet sind. Abb. 5.14 stellt zusammenfassend die Bewertung der betrachteten Abspaltungskriterien anhand der in Kapitel 5.1 aufgestellten Anforderungen dar.

Der Einsatz der Abspaltungskriterien wird in einem Fallbeispiel in Kapitel 6 dargestellt. Die Durchführung des vollständigen Verfahrens zur anwenderorientierten Dezentralisierung von PPS-Systemen erfordert nach dem Abspaltungsschritt die Durchführung eines Gruppierungsschrittes. In diesem werden die abgespalteten PPS-Funktionen zu Subsystemen zusammengefaßt. Die hierfür benötigten Gruppierungskriterien werden nachfolgend ausgewählt.

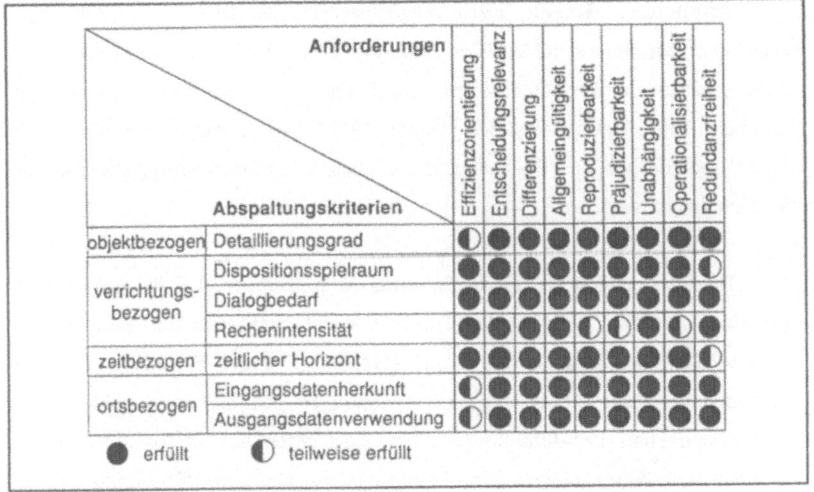

Abb. 5.14: Darstellung der ausgewählten Abspaltungskriterien mit den Erfüllungsgraden der Anforderungen

5.3 Kriterien zur Beurteilung der Gruppierungseignung von PPS-Funktionen (Gruppierungskriterien)

Gemäß der in Kap. 4.3 vorgestellten Verfahrensweise werden mit den Gruppierungskriterien Paare von PPS-Funktionen verglichen. Beim Vergleich zweier PPS-Funktionspaare, ist dasjenige Paar, dessen PPS-Funktionen lt. Gruppierungskriterium besser zusammenpassen, bei der Gruppierung zu präferieren.

Die Entwicklung der Gruppierungskriterien baut auf der gleichen Systematik auf, wie die Entwicklung der Abspaltungskriterien. Um zu gewährleisten, daß alle wichtigen Sachverhalte der Gruppierung berücksichtigt werden, wurden die Gruppierungskriterien nach objekt-, verrichtungs-, zeit- und ortsbezogenen Aspekten eingeteilt. Dabei können u.a. folgende Regeln angewandt werden:

1.   **Ähnlichkeits-Regel**: *"Fasse möglichst ähnliche Aufgaben zu Aufgaben-segmenten zusammen"* [GAGSCH 1980, Sp. 2163]. Diese Regel vergleicht die Eigenschaften der PPS-Funktionen darauf hin, ob sie sich mehr oder weniger 'ähnlich' sind. Beim Vergleich zweier PPS-Funktionspaare sind die PPS-Funktionen desjenigen PPS-Funktionspaars besser zur Gruppierung geeignet, die sich ähnlicher sind.

2.   **Beziehungs-Regel**: *"Fasse Elemente so zusammen, daß die Beziehungen innerhalb der Subsysteme möglichst zahlreich und die Beziehungen zwischen den Subsystemen möglichst gering sind"* [GAGSCH 1980, Sp. 2165]. Bei der Anwendung dieser Regel sind die Beziehungen zwischen den beiden PPS-Funktionen eines PPS-Funktionspaars zu betrachten und in Relation zu den Beziehungen dieser beiden PPS-Funktionen zu weiteren PPS-Funktionen zu setzen.

Die Darstellung der Gruppierungskriterien entspricht derjenigen der Abspaltungskriterien: Nach der Darstellung der Wirkungsweise der Gruppierungs-kriterien werden die in Kapitel 5.1 aufgeführten Anforderungen an Dezentralisie-rungskriterien überprüft. Abschließend erfolgt die Operationalisierung des Gruppierungskriteriums.

Nachstehende Gruppierungskriterien werden in den folgenden Unterkapiteln 5.3.1 bis 5.3.4 behandelt:

- objektbezogen: - Ähnlichkeit der Objekte
- verrichtungsbezogen: - Ähnlichkeit der Verrichtungen
  - Informationsverknüpfung
  - Anwenderbelastung
  - EDV-Belastung
- zeitbezogen: - Informationsdistanz
- ortsbezogen: - Räumliche Restriktionen

5.3.1 Objektbezogenes Gruppierungskriterium

Ähnlichkeit der Objekte

Nach der oben angeführten Ähnlichkeitsregel sollen möglichst ähnliche Aufgaben zusammengefaßt werden. Inwieweit zwei PPS-Funktionen ähnlich sind, muß anhand der Merkmale der PPS-Funktionen bestimmt werden. Nach ACKER [1956, zitiert bei GAGSCH 1980, Sp. 2163], sind das Objekt und die Verrichtung die Hauptmerkmale zur Bestimmung der Ähnlichkeit von Aufgaben. Demnach ergeben sich aus dem Vergleich der Objekte und der Verrichtungen zweier PPS-Funktionen wichtige Hinweise auf deren Gruppierungseignung. Für die objektorientierte Betrachtungsweise gilt: Je ähnlicher die Objekte zweier PPS-Funktionen sind, desto eher sind diese PPS-Funktionen zur Gruppierung geeignet.

Folgende Gründe können für die Zusammenfassung von PPS-Funktionen nach diesem Kriterium genannt werden:

1. Aus der Sicht des Anwenders stellt die Gruppierung von PPS-Funktionen mit ähnlichen Objekten eine Funktionsintegration im arbeitsorganisatorischen Sinne [vgl. KEMMNER, TREULING 1989a, S. 38f. und S. 41] dar. Hiermit verbunden ist eine Erweiterung des Arbeitsinhalts, damit größere Transparenz des Arbeitsprozesses und in der Folge eine Steigerung der Motivation.

2. Aus organisatorischer Sicht ist die Gruppierung von PPS-Funktionen nach ähnlichen Bearbeitungsobjekten von Vorteil, denn

   - hierdurch wird eine 'Prozeßorientierung' erreicht, die unproduktive Pufferzeiten im Rahmen der Auftragsabwicklung vermeidet [vgl. KÖHL, ESSER, KEMMNER, FÖRSTER 1989, S. 47],

   - die notwendigen Informationen über das Bearbeitungsobjekt müssen für dieses PPS-Funktionspaar nur einmal eingeholt werden,

- PPS-Funktionen mit demselben Bearbeitungsobjekt sind häufig auch durch starke gegenseitige Bindungen in der Kommunikationsstruktur des PPS-Systems eng aneinander gekoppelt. Diese Kommunikationsbeziehungen können durch eine Gruppierung nach ähnlichen Objekten vereinfacht werden.

Die Objekte der PPS-Funktionen ergeben sich aus der Aufgabenstellung der PPS, eine *"Organisatorische Planung, Steuerung[1] und Überwachung der Produktionsabläufe (...) unter Mengen-, Termin- und Kapazitätsaspekten"* [AWF 1985, S. 11] durchzuführen.

Die organisatorische Planung, Veranlassung und Überwachung der Produktionsabläufe entspricht einer Disposition der Produktionsfaktoren. Neben den drei klassischen Produktionsfaktoren Material, Personal und Betriebsmittel [vgl. WÖHE[2] 1984, S. 83 ff.] gewinnen in letzter Zeit die betrieblichen Informationen immer mehr an Bedeutung und avancieren so zum vierten, nach Auffassung mancher zum ersten Produktionsfaktor: *"Information als Produktionsfaktor Nummer 1, als eine der wertvollsten Ressourcen, als strategische Waffe und als Voraussetzung operativer Effizienzsteigerung, sind weltweit diskutierte Themen"* [MEYER-PIENING 1987, S. 17]. Die klassischen Produktionsfaktoren werden von einem PPS-System unter den Aspekten Menge, Termin und Kapazität betrachtet. Im einzelnen disponiert ein PPS-System Material hinsichtlich Termin und Menge, Personal und Betriebsmittel hinsichtlich Termin und Kapazität. Der Produktionsfaktor Information wird in einem PPS-System unter den Aspekten 'gesamter Auftrag' und 'Anweisungen, Belege' bearbeitet. Somit ergeben sich aus diesen vier Produktionsfaktoren die in Abb. 5.15 dargestellten acht möglichen Objekte von PPS-Funktionen.

---

[1]   Im Sinne der hier verwendeten Terminologie ist unter dem Begriff 'Steuerung' die 'Veranlassung' zu verstehen.

[2]   WÖHE spricht von Werkstoffen, Arbeitsleistungen und Betriebsmitteln

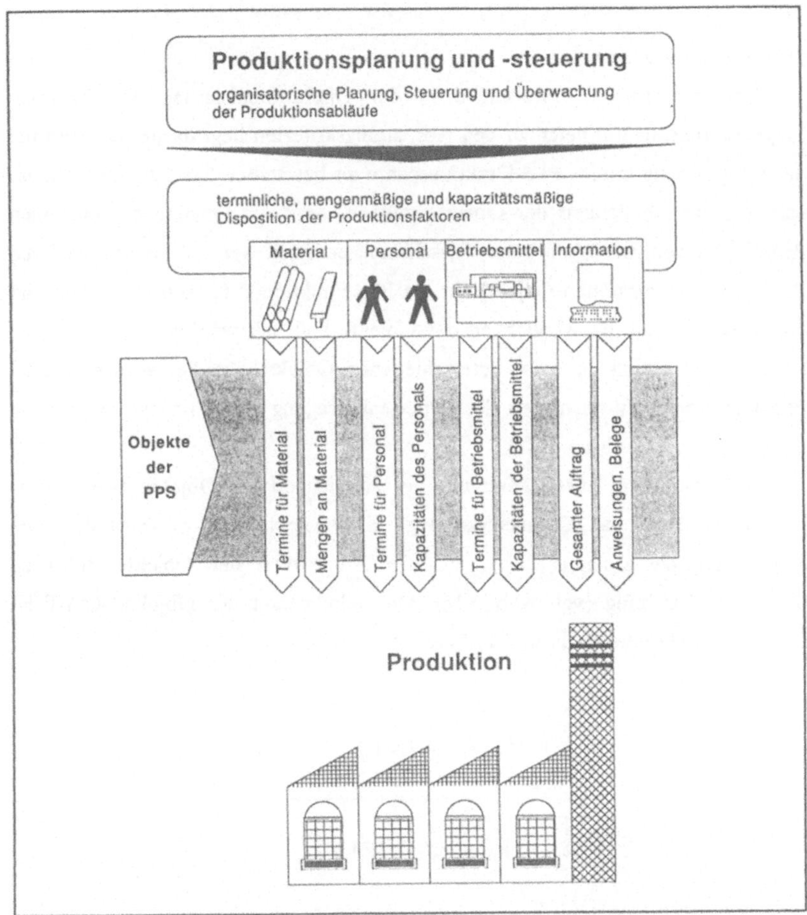

Abb. 5.15: Aus der Aufgabenstellung der PPS resultierende Objekte der PPS

Überprüfung der Anforderungen:

Auf das Gruppierungskriterium 'Ähnlichkeit der Objekte' kann aus Gründen der Vollständigkeit nicht verzichtet werden. Da PPS-Funktionen sich in der Regel mit mehr als einem Objekt befassen, müssen die Objekte der PPS-Funktionen im richtigen Maße spezifiziert und hinsichtlich ihrer Bedeutung im Rahmen einer PPS-Funktion bewertet werden. Aus diesem Grunde wurde die Operationalisierbarkeit als nur teilweise erfüllt eingestuft.

Operationalisierung:

Ein wesentlicher Unterschied in der Operationalisierung der Gruppierungskriterien im Vergleich zu den Abspaltungskriterien liegt darin, daß man bei der Gruppierung immer PPS-Funktionspaare zu betrachten hat. Zur Operationalisierung der Ähnlichkeit der Objekte müssen somit die Objekte der einzelnen PPS-Funktionen, wie oben bereits geschehen, ermittelt werden. Sodann muß die Bedeutung der einzelnen Objekte für die PPS-Funktionen festgelegt werden, und abschließend muß die Ähnlichkeit der Objekte beurteilt werden.

Die Bedeutung der acht unterschiedenen Objekte für die betrachteten 22 PPS-Funktionen wurde mittels der Expertenbefragung erfaßt und ist im Anhang in <u>Abb. 9.4</u> aufgeführt.

Ein Koeffizient zur Bestimmung der Ähnlichkeit der Objekte zweier PPS-Funktionen stellt das Cosinus-Maß [vgl. KLÖSGEN 1977, S. 97 f.] dar. Die Anwendung des Cosinus-Maßes auf die 'Ähnlichkeit der Objekte' führt zu folgender Gleichung (vgl. <u>Abb. 5.16</u>): Die 'Ähnlichkeit der Objekte' $O\ddot{A}(F_i,F_j)$ zweier PPS-Funktionen F_i und F_j berechnet sich zu

$$O\ddot{A}(F_i;F_j) = \frac{\sum_{k=1}^{8} O_k(F_i) \cdot \sum_{k=1}^{8} O_k(F_j)}{\left(\sum_{k=1}^{8} O_k^2(F_i) \cdot \sum_{k=1}^{8} O_k^2(F_j) \right)^{1/2}},$$

hierbei bezeichnet $O_k(F_i)$ die Bedeutung des k-ten Objektes der Funktion i. Das Cosinus-Maß $O\ddot{A}(F_i;F_j)$ ist durch folgende Eigenschaften gekennzeichnet:

- $O\ddot{A}(F_i;F_j)$ ist symmetrisch bezüglich der Betrachtungsreihenfolge von F_i und F_j $\{O\ddot{A}(F_i;F_j) = O\ddot{A}(F_j;F_i)\}$,
- $O\ddot{A}(F_i;F_j)$ nimmt genau dann den Wert '1' an, wenn sämtliche Bewertungen der betrachteten Objekte beider PPS-Funktionen übereinstimmen,

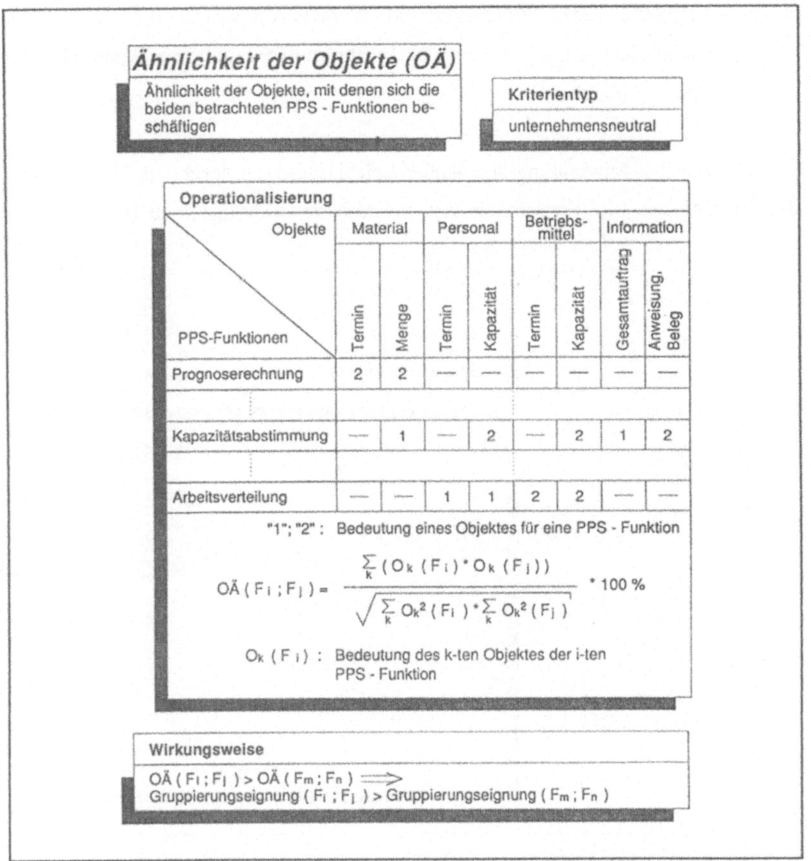

PPS-Funktionen \ Objekte	Material		Personal		Betriebs-mittel		Information	
	Termin	Menge	Termin	Kapazität	Termin	Kapazität	Gesamtauftrag	Anweisung, Beleg
Prognoserechnung	2	2	—	—	—	—	—	—
Kapazitätsabstimmung	—	1	—	2	—	2	1	2
Arbeitsverteilung	—	—	1	1	2	2	—	—

$$OÄ(F_i;F_j) = \frac{\sum_k (O_k(F_i) \cdot O_k(F_j))}{\sqrt{\sum_k O_k^2(F_i) \cdot \sum_k O_k^2(F_j)}} \cdot 100\,\%$$

$$OÄ(F_i;F_j) > OÄ(F_m;F_n) \implies$$
Gruppierungseignung $(F_i;F_j)$ > Gruppierungseignung $(F_m;F_n)$

Abb. 5.16: Operationalisierung des Gruppierungskriteriums 'Ähnlichkeit der Objekte'

- $OÄ(F_i;F_j)$ nimmt genau dann den Wert '0' an, wenn beide betrachteten PPS-Funktionen keine gemeinsamen Objekte besitzen,

- Objekte, deren Bedeutung mit '0' bewertet wurde, liefern auch bei Übereinstimmung von zwei betrachteten PPS-Funktionen keinen Beitrag zur Ähnlichkeit[1].

Die aus der Anwendung des Ähnlichkeitsmaßes resultierenden Ähnlichkeiten der Objekte der PPS-Funktionen sind im Anhang in Abb. 9.5 zu finden.

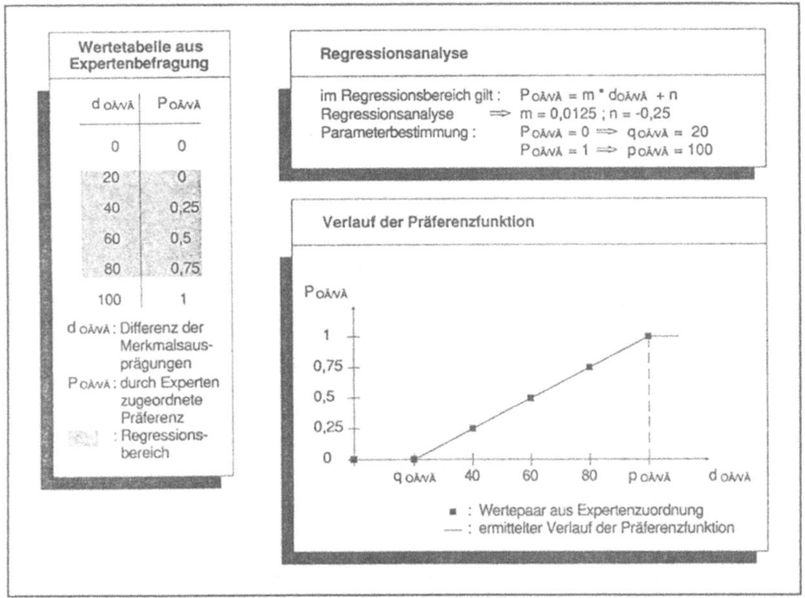

Abb. 5.17: Parameterfestlegung des Gruppierungskriteriums 'Ähnlichkeit der Objekte'

Wie bereits bei den Abspaltungskriterien verfahren, legten die Experten auch für die unternehmensneutralen Gruppierungskriterien den Präferenzfunktionstyp und die Parameter der Präferenzfunktion fest. Für die 'Ähnlichkeit der Objekte' wurde der verzögerte lineare Anstieg (Typ V) ausgewählt. Abb. 5.17 zeigt die

---

[1] Im Gegensatz dazu wird in der Literatur auch auf Ähnlichkeitskoeffizienten (vorzugsweise für binärskalierte Merkmale) verwiesen, die eine Übereinstimmung bezüglich des Nichtvorhandenseins von Merkmalen berücksichtigen (matching coefficient) [vgl. FAHRMEIR, HAMERLE 1984, S. 377f; BORTZ 1989, S. 687].

Wertetabelle für die Regressionsanalyse, sowie den aus der Regressionsanalyse resultierenden Verlauf der Präferenzfunktion. Das Gruppierungskriterium 'Ähnlichkeit der Objekte' ist zu maximieren, um diejenigen PPS-Funktionspaare mit hoher Gruppierungseignung zu präferieren.

5.3.2 Verrichtungsbezogene Gruppierungskriterien

Bei der Betrachtung der Verrichtungen der PPS-Funktionen müssen hinsichtlich der Subsystembildung die Gruppierungskriterien

- 'Ähnlichkeit der Verrichtungen',
- 'Informationsverknüpfung',
- 'Anwender-Belastung' und
- 'EDV-Belastung'

berücksichtigt werden.

Ähnlichkeit der Verrichtungen

Wie bereits bei dem Kriterium 'Ähnlichkeit der Objekte' dargelegt worden ist, sind PPS-Funktionen auch dann nach der Ähnlichkeits-Regel zusammenzufassen, wenn deren Verrichtungen ähnlich sind.

Faßt man PPS-Funktionen mit ähnlichen Verrichtungen in einem Subsystem zusammen, sind auch die Denkprozesse, die ein Anwender zur Durchführung der gruppierten PPS-Funktionen vollziehen muß ähnlich, wodurch sich drei Vorteile ergeben:

1. Ein oft erheblich redundanter Denkaufwand wird vermindert. Häufig muß sich der Anwender einer PPS-Funktion in einen Vorgang neu hineindenken, den ein Kollege gerade zuvor vollzogen hat. Durch die Zusammenfassung derartiger

Vorgänge, mit der Möglichkeit, sie durch **eine** Person durchführen zu lassen, kann sich das 'Nach-Denken' des bereits Vorgedachten teilweise erübrigen.

2. Für den Fall, daß ein Anwender mehrere PPS-Funktionen eines Subsystems bedient, wird die Erfüllung verschiedener Aufgaben für diesen Anwender erleichtert.

3. Ein Wechsel der durchzuführenden Aufgaben innerhalb des Subsystems wird für einen Mitarbeiter einfacher. Dies ist dann von Bedeutung, wenn mehrere Anwender mit einem Subsystem arbeiten und sich gegenseitig vertreten müssen.

Durch die Zusammenfassung von PPS-Funktionen mit ähnlichen Verrichtungen wird eine relativ geschlossene, einheitliche und eigenverantwortliche Arbeit im Rahmen eines Subsystems gefördert.

Die Zusammenfassung von PPS-Funktionen nach diesem Kriterium erfolgt nach der Ähnlichkeit der Denkprozesse der Anwender, nicht nach der Ähnlichkeit aller Prozesse, die im Rahmen der PPS-Funktion durchgeführt werden. Betrachtetes Merkmal ist also die Verrichtung des Anwenders bei der Arbeit mit einer PPS-Funktion (vgl. <u>Abb. 5.18</u>).

Die verschiedenen zu betrachtenden Verrichtungen ergeben sich aus den Aufgaben der 'Produktions**planung** und **-steuerung**'.

"Planungsaufgaben" sind nach FRESE [1980, Sp. 210] *"auf die Vorbereitung zukünftigen Handelns ausgerichtet. Sie können weiter unterteilt werden in Aufgaben der Entscheidungsvorbereitung und der Entscheidung*[1]*"*. Als eine charakteristische Verrichtung von PPS-Funktionen wird das Vorbereiten der Entscheidung und die Entscheidungsfindung zusammengefaßt zu der Verrichtung 'Entscheiden'. Es bleibt jedoch zu beachten, daß eine Verrichtung 'Entscheidung' unterschiedliche Dimensionen umfassen kann. Eine weitere Differenzierung ist notwendig, um die Ähnlichkeit bewerten zu können.

---

[1] 'Entscheidung' im Sinne von 'Entscheidungsfindung'

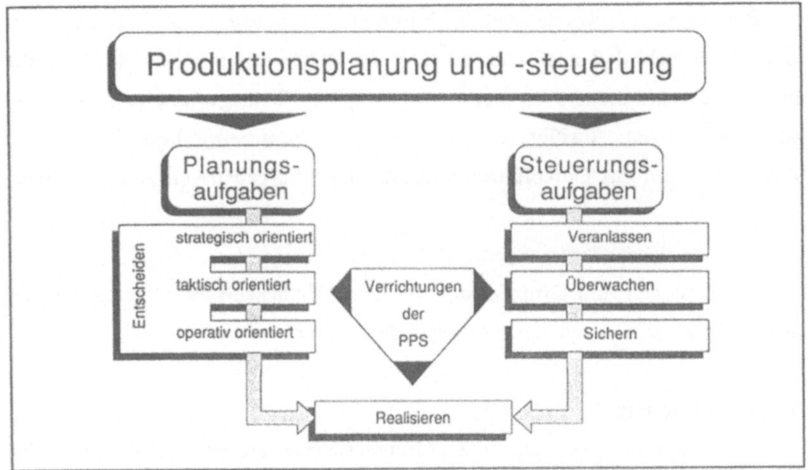

Abb. 5.18: Aus der Aufgabenstellung der PPS resultierende Verrichtungen der PPS

Es bietet sich an, die Verrichtung 'Entscheiden' nach strategischer, taktischer und operativer Ausrichtung zu differenzieren. Strategische Entscheidungen im Rahmen der Produktionsplanung und -steuerung betreffen das gesamte Unternehmen. Taktische Entscheidungen wirken sich auf einen Bereich des Unternehmens aus und operative Entscheidungen betreffen lediglich bestimmte Ausführungen an einzelnen Arbeitsplätzen.

"Steuern" als zweite Hauptaufgabe der PPS ist nach REFA [1985, S. 22, zitiert nach HACKSTEIN 1988, S. 4] *"das Veranlassen, Überwachen und Sichern der Aufgabendurchführung (...). 'Veranlassen' ist das mengen- und terminorientierte Vorbereiten und Auslösen der Aufgabendurchführung. 'Überwachen' ist das kontinuierlich oder in zeitlichen Abständen erfolgende Feststellen der Ist-Daten und Ermitteln der Abweichungen der Ist- von den Soll-Daten während der Aufgabendurchführung. 'Sichern' bezeichnet das Veranlassen und Durchführen von Maßnahmen zum Vermeiden oder Vermindern von Abweichungen zwischen Ist- und Soll-Daten."* Damit stehen drei weitere wichtige Verrichtungen von PPS-Funktionen fest.

Betrachtet man das gesamte Spektrum von Aufgaben in einem PPS-System, so wird deutlich, daß noch eine weitere Verrichtung zu ergänzen ist, die nicht unter Planen und Steuern einzuordnen ist, sondern Planungs- und Steuerungsvorgaben umsetzt: das Ausführen, im folgenden als 'Realisieren' bezeichnet. Unter 'Realisieren' soll das Durchführen vorbestimmter Aufgaben verstanden werden.

Überprüfung der Anforderungen:

Die Aussagen zum Gruppierungskriterium 'Ähnlichkeit der Objekte' können auch für die 'Ähnlichkeit der Verrichtungen' gelten.

Operationalisierung:

Die Operationalisierung des Gruppierungskriteriums 'Ähnlichkeit der Verrichtungen' verläuft analog zum Kriterium 'Ähnlichkeit der Objekte', so daß an dieser Stelle keine erneute detaillierte Beschreibung notwendig ist. Abb. 5.19 gibt die wesentlichen Bestandteile der Operationalisierung des Kriteriums wieder.

Die durch Expertenbefragung unternehmensneutral festgelegte Bedeutung der sieben Verrichtungen für die 22 PPS-Funktionen wird im Anhang in Abb. 9.6 wiedergegeben.

Aufgrund der hohen Kongruenz der Operationalisierungen der beiden Gruppierungskriterien 'Ähnlichkeit der Objekte' und 'Ähnlichkeit der Verrichtungen' wird die Parametrisierung der Präferenzfunktion für das Gruppierungskriterium 'Ähnlichkeit der Verrichtungen' identisch zu der des Gruppierungskriteriums 'Ähnlichkeit der Objekte'(vgl. Abb. 9.7) durchgeführt. Die Parameterfestlegung entspricht daher derjenigen aus Abb. 5.17.

Informationsverknüpfung

Nach der zu Beginn des Kapitels dargestellten Beziehungsregel sollen die Beziehungen zwischen den PPS-Funktionen innerhalb der Subsysteme möglichst zahlreich, zwischen den Subsystemen möglichst gering sein [vgl. GAGSCH 1980, Sp. 2165]. Im Rahmen des Verfahrens zur anwenderorientierten Dezentralisierung von PPS-Systemen sind bei der Subsystembildung vor allem die logischen, weniger

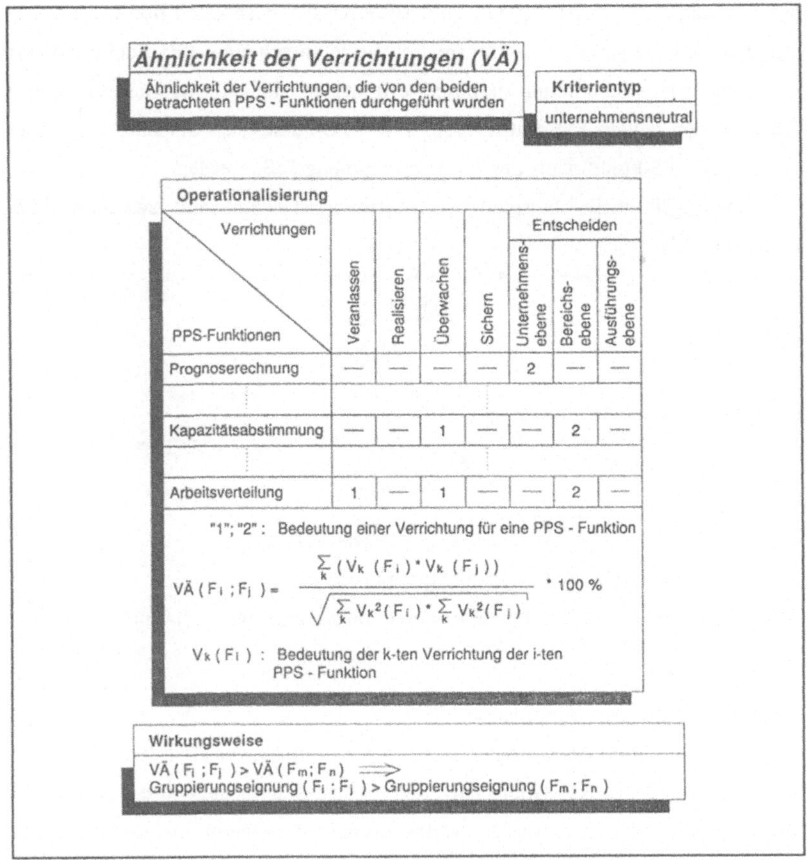

Operationalisierung					Entscheiden		
PPS-Funktionen / Verrichtungen	Veranlassen	Realisieren	Überwachen	Sichern	Unternehmensebene	Bereichsebene	Ausführungsebene
Prognoserechnung	—	—	—	—	2	—	—
Kapazitätsabstimmung	—	—	1	—	—	2	—
Arbeitsverteilung	1	—	1	—	—	2	—

$$VÄ (F_i ; F_j) = \frac{\sum_k (V_k (F_i) * V_k (F_j))}{\sqrt{\sum_k V_k^2 (F_i) * \sum_k V_k^2 (F_j)}} * 100\ \%$$

$$VÄ (F_i ; F_j) > VÄ (F_m ; F_n) \implies$$
$$\text{Gruppierungseignung} (F_i ; F_j) > \text{Gruppierungseignung} (F_m ; F_n)$$

Abb. 5.19: Operationalisierung des Gruppierungskriteriums 'Ähnlichkeit der Verrichtungen'

die datentechnischen Aspekte von Interesse; die Menge der übertragenen Daten ist im Rahmen der funktionalen Gruppierung von untergeordneter Bedeutung.

Das Kriterium 'Informationsverknüpfung' betrachtet die Informationsbeziehungen zwischen PPS-Funktionen. Informationsbeziehungen zwischen PPS-Funktionen sind nicht mit Datenflüssen gleichzusetzen. Die Informationsbeziehungen sollen die wichtigen Informationsflüsse zwischen PPS-Funktionen dokumentieren, diese drücken sich auf der Ebene der Datenkommunikation nicht grundsätzlich durch den Umfang oder die Häufigkeit, sondern durch die Wichtigkeit der ausgetauschten Daten aus. Je geringer die Informationsbeziehungen eines PPS-Funktionspaars mit anderen PPS-Funktionen sind, und je intensiver die Informationsbeziehungen zwischen den beiden PPS-Funktionen eines PPS-Funktionspaars sind, desto eher sollten die PPS-Funktionen des Paars zusammengefaßt werden.

Abb. 5.20 stellt beispielhaft Informationsbeziehungen zwischen PPS-Funktionen dar.

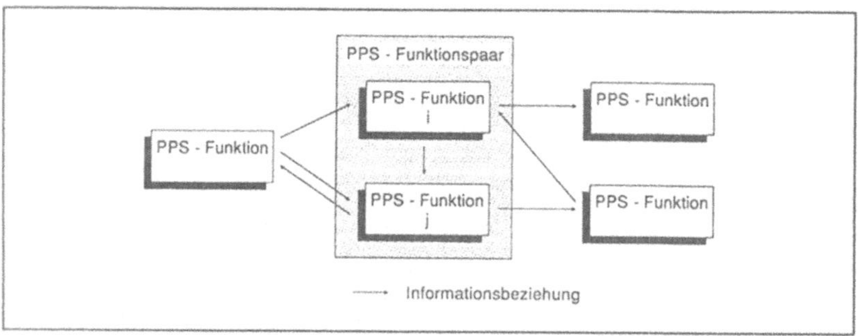

Abb. 5.20: Beispielhafte Darstellung der 'Informationsverknüpfung'

Überprüfung der Anforderungen:

Die Informationsbeziehungen zwischen PPS-Funktionen sind derart komplex, daß eine vollständige Erfassung mit großem Aufwand verbunden ist. Aus diesen Gründen genügt das Kriterium den Anforderungen der Operationalisierbarkeit nur teilweise.

Operationalisierung:

Eine Analyse der Eingangs- und Ausgangsdatentypen führt zu einem komplexen Geflecht von Datenflüssen. Bei dem Gruppierungskriterium 'Informationsverknüpfung' sollen jedoch nicht datenorientierte Betrachtungsweisen, sondern die Informationsbeziehungen im Vordergrund stehen.

STRIENING stellt fest, daß man zum Erreichen primärer Unterziele (z.B. Herstellung bzw. Vertrieb von Produkten oder Anbieten von Dienstleistungen) von einer prozessorientierten Organisationsgestaltung ausgehen sollte, in der die

- 121 -

Stellen- und Abteilungsbildung unter Berücksichtigung spezifischer Erfordernisse des Ablaufs betrieblicher Prozesse im Rahmen der Leistungserstellung konzipiert werden [vgl. STRIENING 1988, S. 28 f.].

Bereits Mitte der 70er Jahre wurde am Betriebswirtschaftlichen Institut für Organisation und Automation (BIFOA) an der Universität zu Köln das 'Kölner Integrationsmodell (KIM)' entwickelt [vgl. GROCHLA 1974]. Das Kölner Integrationsmodell greift bereits den Gedanken der Prozeßketten auf und stellt Informationsbeziehungen zwischen den einzelnen betrieblichen Funktionsblöcken und innerhalb der Funktionsblöcke zusammen.

Matrix der Informationsbeziehungen von PPS-Funktion		nach PPS-Funktion																					
		11	12	13	14	15	21	22	23	24	31	32	33	34	41	42	43	44	45	51	52	53	54
Prognoserechnung	11			O	O	O																	
Kundenauftragseinplanung	12			O							O												
Auftragsterminierung	13				O	O					O												
Kapazitätsdeckungsrechnung	14											O											
Materialdeckungsrechnung	15						O		O														
Bedarfsermittlung	21								O	O													
Bestandsführung	22	O		O		O	O		O						O		O	O					
Bestellmengenrechnung	23							O		O	O	O				O		O					O
Bestellauslösung	24						O																
Durchlaufterminierung	31											O			O								
Kapazitätsbedarfsermittlung	32												O										
Kapazitätsabstimmung	33			O	O						O		O										
Reihenfolgeplanung	34										O				O								
Fertigungsauftragsfreigabe	41															O	O				O		
Fertigungsbelegerstellung	42																						
Arbeitsverteilung	43																				O		
Bestellauftragsfreigabe	44																	O				O	O
Bestellschreibung	45																						
Fertigungsfortschrittserfassung	51						O				O	O	O								O		
MTQ-überwg. Eigenfertigung	52	O	O	O							O	O	O			O							
Wareneingangserfassung	53															O							O
MTQ-überwg. Bestellteile	54						O								O	O							

O : unternehmensneutrale Informationsverknüpfungen

Abb. 5.21: Matrix der Informationsbeziehungen

Abb. 5.21 stellt die aus dem Kölner Integrationsmodell auf die hier verwendete PPS-Terminologie übertragenen Informationsbeziehungen in Form einer Informationsmatrix dar. Da nicht alle PPS-Funktionen im Kölner Integrationsmodell wiedergefunden werden können, wurde die Informationsmatrix entsprechend ergänzt. Es ist zu beachten, daß zwischen zwei PPS-Funktionen F_i

und F_j maximal zwei Informationsbeziehungen bestehen können, eine erste von F_i nach F_j und eine zweite von F_j nach F_i.

Für eine konkrete unternehmensspezifische Anwendung ist eine Reduzierung der Matrix auf die im Unternehmen angewandten PPS-Funktionen vorzunehmen. Ggf. ist eine unternehmensspezifische Ergänzung um weitere Informationsbeziehungen erforderlich, da durch das Entfallen einzelner PPS-Funktionen unter Umständen im Informationsnetz bestehende Prozeßketten durchtrennt werden.

Zur Operationalisierung des Gruppierungskriteriums 'Informationsverknüpfung' müssen sowohl die Anzahl der direkten Informationsbeziehungen zwischen den beiden betrachteten PPS-Funktionen (Innenbeziehungen) als auch die Informationsbeziehungen des betrachteten PPS-Funktionspaares zu anderen PPS-Funktionen (Außenbeziehungen) ermittelt werden. Die Informationsverknüpfung ergibt sich aus dem Quotienten beider Größen.

Für das in Abb. 5.20 dargestellte Beispiel ergibt sich bei 'einer' internen Informationsbeziehung und 'sechs' Informationsflüssen zu anderen PPS-Funktionen eine Informationsverknüpfung von einem Sechstel.

Aus der Operationalisierung der 'Informationsverknüpfung' folgt, daß die Gruppierungseignung mit steigenden Erfüllungsgraden des Gruppierungskriteriums 'Informationsverknüpfung' zunimmt. <u>Abb. 5.22</u> gibt einen Überblick über die Operationalisierung des Kriteriums.

Die Festlegung der Parameter der Präferenzfunktion erfolgt unternehmensspezifisch, da auch die Matrix der Informationsbeziehungen unternehmensspezifisch zu ergänzen ist.

Anwender-Belastung

PPS-Funktionen, deren Software-Module im Dialogbetrieb gefahren werden, stellen für den Anwender eine besondere Beanspruchung seiner Aufmerksamkeit dar. Um die Belastung so gering wie möglich zu halten, sind kurze Antwortzeiten anzustreben. Zur Sicherung kurzer Antwortzeiten im Dialogbetrieb kann den Dialogfunktionen gegenüber den Batchfunktionen eine höhere Priorität bei der

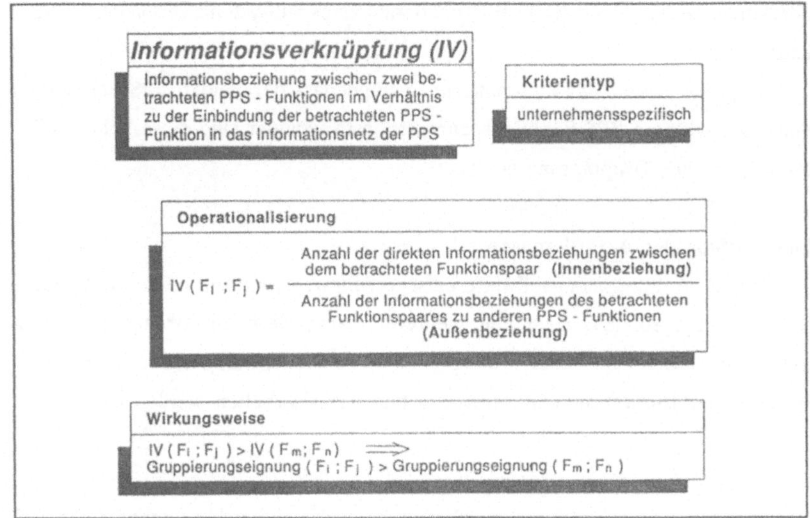

Abb. 5.22: Operationalisierung des Gruppierungskriteriums 'Informationsverknüpfung'

Bearbeitung im EDV-System zugewiesen und die Konkurrenz mehrerer Dialogfunktionen um die gleiche Rechnerleistung vermieden werden. Weiterhin kann vermieden werden, daß ein Anwender regelmäßig zwei Dialogfunktionen zur gleichen Zeit bedienen muß. Um solche organisatorischen Regelungen zu vermeiden, kann es effizienter sein, zwei dialogintensive PPS-Funktionen auf verschiedene Subsysteme zu verteilen.

Zur Verdeutlichung vergleiche man zwei Subsysteme: Im ersten sind mehrere Dialogfunktionen zusammengefaßt, im zweiten befindet sich keine Dialogfunktion. Bei dieser Verteilung wäre der Anwender der PPS-Funktionen im ersten Subsystem stärker belastet als ein Anwender im zweiten. Die parallele Durchführung zweier Dialogfunktionen wäre hierdurch nahezu ausgeschlossen. Auch im Falle, daß ein Anwender nicht mehrere dialogintensive PPS-Funktionen innerhalb eines Subsystems bedienen muß, ist eine Verteilung dieser PPS-Funktionen auf unterschiedliche Subsysteme vorteilhaft, weil eine gegenseitige Beeinträchtigung der Antwortzeiten mehrerer Dialogfunktionen eines Subsystems vermieden werden kann.

Je größer somit der kummulierte Dialogbedarf der beiden PPS-Funktionen eines betrachteten PPS-Funktionspaars ist, desto weniger sind diese beiden PPS-Funktionen zur Gruppierung geeignet.

Überprüfung der Anforderungen:

Das Kriterium ist nur teilweise entscheidungsrelevant und effizienzorientiert, da ein Subsystem ggf. auch von mehreren Anwendern gleichzeitig im Dialog betrieben werden kann und bei entsprechender Leistungsfähigkeit des Subsystemrechners der Einfluß auf die Antwortzeiten gering gehalten werden kann.

Operationalisierung:

Zur Operationalisierung des Gruppierungskriteriums 'Anwender-Belastung' bietet es sich an, auf die Operationalisierung des unternehmensneutralen Abspaltungskriteriums 'Dialogbedarf' zurückzugreifen und die Erfüllungsgrade der 'Anwender-Belastung' eines PPS-Funktionspaars aus den Dialogbedarfen seiner beiden PPS-Funktionen zu bilden (vgl. Abb. 5.23).

Hierzu kommt im einfachsten Fall eine Addition der Dialogbedarfe in Frage, wodurch sich Erfüllungsgrade der 'Anwender-Belastung' von über 100% ergeben würden. Bewertet man die 'Anwender-Belastung' mit Hilfe einer Mittelwertbildung aus den Dialogbedarfen der beiden PPS-Funktionen eines PPS-Funktionspaars, so werden Werte über 100% vermieden. Auswirkungen auf die Ergebnisse der PROMETHEE-Methode ergeben sich hierdurch nicht, da die PROMETHEE-Methode auf einem paarweisen Vergleich der Handlungsalternativen, hier der PPS-Funktionspaare, getrennt nach den einzelnen Bewertungskriterien aufbaut. Bei gleicher Präferenzfunktion und entsprechender Festlegung der Parameter der Präferenzfunktion ergeben sich für beide Operationalisierungsalternativen dieselben PROMETHEE-Ergebnisse.

Aus diesen Gründen soll die zweite Operationalisierungsalternative gewählt werden, wodurch auch die Auswahl und Parametrisierung der Präferenzfunktion vom Abspaltungskriterium 'Dialogbedarf' (vgl. Abb. 5.7) übernommen werden

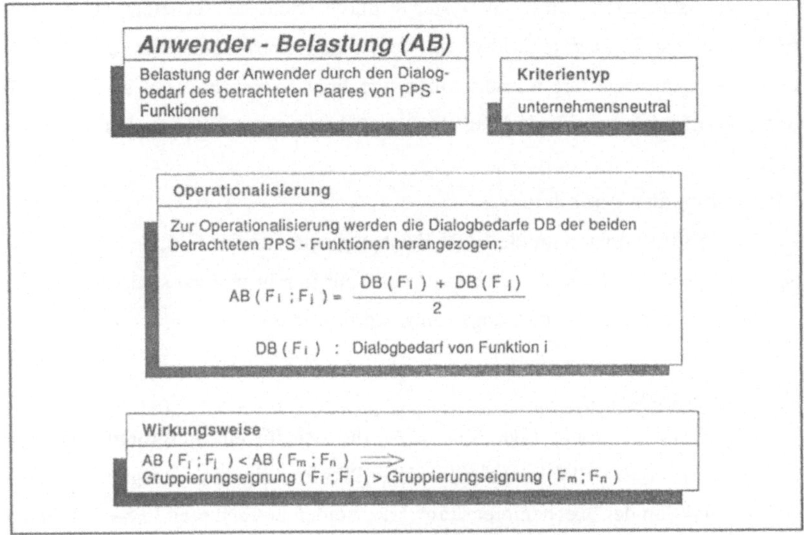

$$AB\ (\,F_i\ ;F_j\ ) = \frac{DB\,(\,F_i\,)\ +\ DB\,(\,F_j\,)}{2}$$

$$AB\ (\,F_i\ ;F_j\ ) < AB\ (\,F_m\ ;F_n\ ) \implies$$

$$\text{Gruppierungseignung}\ (\,F_i\ ;F_j\ ) > \text{Gruppierungseignung}\ (\,F_m\ ;F_n\ )$$

Abb. 5.23: Operationalisierung des Gruppierungskriteriums 'Anwender-Belastung'

können. Allerdings ist darauf zu achten, daß das Abspaltungskriterium 'Dialogbedarf' zu maximieren ist, während die 'Anwender-Belastung' minimiert werden muß, was eine Spiegelung der Präferenzfunktion an der Ordinate zur Folge hat. Die Parameter der Präferenzfunktion der 'Anwender-Belastung' nehmen somit, wie bei allen zu minimierenden Kriterien, negative Werte an.

Aufgrund der unternehmensneutralen Erfassung des 'Dialogbedarfs' kann auch die 'Anwender-Belastung' unternehmensneutral bewertet werden (vgl. Abb. 9.8).

EDV-Belastung

PPS-Funktionen, die eine hohe Rechenintensität aufweisen, sollten nicht auf einem Subsystem zusammengefaßt werden. So vermeidet man, daß ein Subsystem durch mehrere rechenintensive PPS-Funktionen über längere Zeit andere Anwendungen behindert oder deren Antwortzeiten beeinträchtigt.

Das 'Blockieren' eines Subsystems durch mehrere rechenintensive PPS-Funktionen ist besonders kritisch in denjenigen Subsystemen, in denen PPS-Funktionen durchgeführt werden sollen, die hohe Anforderungen an Aktualität und Dialogfähigkeit und somit an die Verfügbarkeit der EDV stellen.

Überprüfung der Anforderungen:

Die Anforderungen an die EDV-Belastung sind aus den Gründen, wie sie bei dem Abspaltungskriterium 'Rechenintensität' dargestellt worden sind, ausreichend erfüllt, so daß das Kriterium angewandt werden kann.

Operationalisierung:

Die 'EDV-Belastung' (vgl. Abb. 5.24), die sich für ein Subsystem durch die Gruppierung zweier PPS-Funktionen eines PPS-Funktionspaars ergibt, läßt sich aus der Addition der 'Rechenintensitäten' der beiden betrachteten PPS-Funktionen ermitteln.

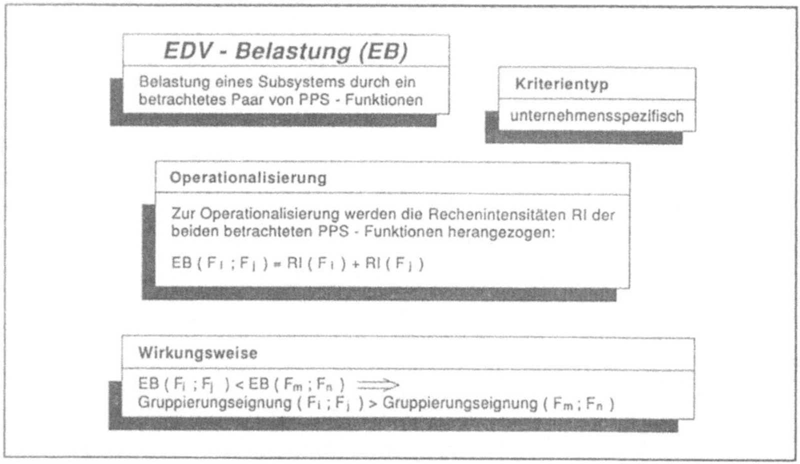

Abb. 5.24: Operationalisierung des Gruppierungskriteriums 'EDV-Belastung'

Das Abspaltungskriterium 'Rechenintensität' muß unternehmensspezifisch erfaßt werden, insofern stellt auch die 'EDV-Belastung' ein unternehmensspezifisches Gruppierungskriterium dar. Der Präferenzfunktionstyp kann von der

'Rechenintensität' übernommen werden, nicht jedoch dessen Parameter, da der Wertebereich der 'EDV-Belastung' größer ist als derjenige der 'Rechenintensität'. Da es Ziel ist, eine Kummulation mehrerer rechenintensiver PPS-Funktionen auf einem Subsystem zu vermeiden, muß das Gruppierungskriterium 'EDV-Belastung' minimiert werden. Eine Festlegung der Präferenzfunktionsparameter wird in Kapitel 6.2 für das dort dargestellte Fallbeispiel vorgenommen.

5.3.3 Zeitbezogenes Gruppierungskriterium

Bei dem nachfolgend dargestellten Gruppierungskriterium dieses Kapitels wird der zeitliche Aspekt zur Beurteilung der Gruppierungseignung zweier PPS-Funktionen herangezogen.

Informationsdistanz

Das Gruppierungskriterium 'Informationsdistanz' betrachtet ebenso wie das verrichtungsbezogene Gruppierungskriterium 'Informationsverknüpfung' die Informationsbeziehungen zwischen PPS-Funktionen. Während es bei der 'Informationsverknüpfung' um den Verrichtungsaspekt geht, steht bei der 'Informationsdistanz' der zeitliche Aspekt des Aufeinanderfolgens von PPS-Funktionen in Prozeßketten, wie sie durch die Informationsbeziehungen zwischen PPS-Funktionen gebildet werden, im Vordergrund.

Die beiden PPS-Funktionen eines betrachteten PPS-Funktionspaars können in solchen Prozeßketten eng nebeneinander liegen, im Extremfall direkt aufeinanderfolgen, oder weit voneinander entfernt sein. Im ersten Fall ist die 'Informationsdistanz' gering und damit die Gruppierungseignung groß, im letzteren Fall ist die 'Informationsdistanz' groß und somit die Gruppierungseignung der beiden PPS-Funktionen gering. Je weiter also zwei betrachtete PPS-Funktionen eines PPS-Funktionspaars in einer Prozeßkette voneinander entfernt liegen, desto weniger sind sie zur Gruppierung geeignet.

BLEICHER [1980, Sp. 2413] weist auf zwei Nachteile größerer 'Informationsdistanzen' hin: zum einen sinkt mit steigender 'Informationsdistanz' die Reaktionsgeschwindigkeit und zum anderen führt eine größere 'Informationsdistanz' zu einer *"Filterung und Verzerrung der Informationsinhalte"*. Die 'Informationsdistanz' als Gruppierungskriterium sichert die Effizienz der Ablauforganisation innerhalb und zwischen den neu zu bildenden Subsystemen.

Überprüfung der Anforderungen:

Das Gruppierungskriterium 'Informationsdistanz' baut wie das Gruppierungskriterium 'Informationsverknüpfung' auf den Informationsbeziehungen zwischen den PPS-Funktionen auf. Aus diesem Grunde gelten die für die 'Informationsverknüpfung' getroffenen Feststellungen auch für die 'Informationsdistanz'.

Operationalisierung:

Zur Operationalisierung des Gruppierungskriteriums 'Informationsdistanz' ist der Abstand zwischen zwei PPS-Funktionen eines PPS-Funktionspaars zu ermitteln. Hierzu ist die Anzahl der in einer Prozeßkette zwischen den beiden betrachteten PPS-Funktionen befindlichen weiteren PPS-Funktionen heranzuziehen, wobei die Richtungen der Informationsbeziehungen zu beachten sind. Dies läßt sich an Abb. 5.25 verdeutlichen. Die Prozeßkette von PPS-Funktion i nach PPS-Funktion j beinhaltet die PPS-Funktionen x und z. Der Abstand der beiden PPS-Funktionen in dieser Richtung beträgt somit '2'. PPS-Funktion i und PPS-Funktion j sind auch in eine gegenläufige Prozeßkette eingebunden. Die kürzeste Prozeßkette von PPS-Funktion j nach PPS-Funktion i beinhaltet die PPS-Funktion y. In dieser Richtung beträgt ihr Abstand '1'.

Der Erfüllungsgrad des Gruppierungskriteriums 'Informationsdistanz' (vgl. Abb. 5.26) berechnet sich für zwei PPS-Funktionen F_i und F_j aus dem Minimalwert der Informationsdistanzen beider möglicher Richtungen von Prozeßketten. Ein Vergleich der Abstände der beiden PPS-Funktionen aus Abb. 5.25 in beiden Prozeßketten führt zu dem Ergebnis, daß die 'Informationsdistanz' in diesem Beispiel gleich '1' ist.

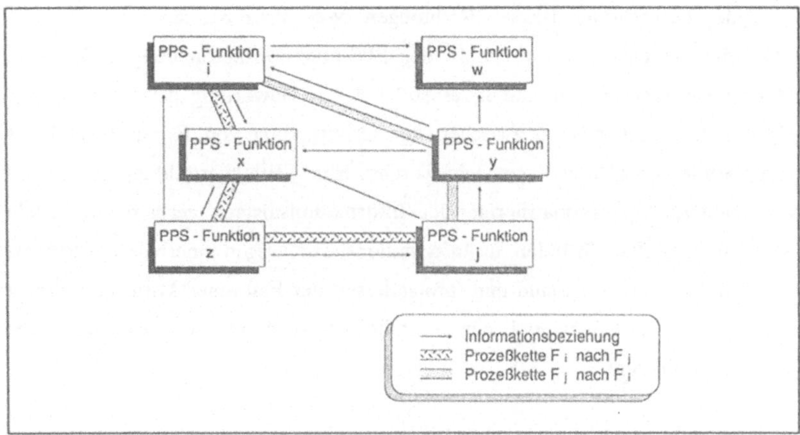

Abb. 5.25: Beispiel für die Definition der 'Informationsdistanz'

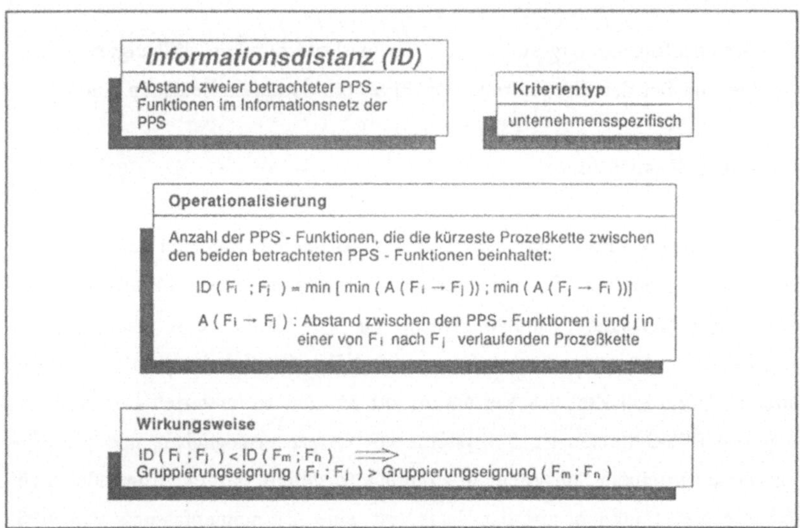

Abb. 5.26: Operationalisierung des Gruppierungskriteriums 'Informationsdistanz'

In Kapitel 6 wird die Ermittlung der 'Informationsdistanz' anhand des Fallbeispiels dargestellt.

Eine Betrachtung beider Richtungen von Prozeßketten ist unbedingt notwendig, da eine Reihenfolge in der PPS-Funktionsbetrachtung außer Acht gelassen werden soll. Das heißt, es soll bei der Bewertung der Gruppierungseignung kein Unterschied zwischen der Gruppierung von F_i mit F_j und der Gruppierung von F_j und F_i gemacht werden. Eine Mittelwertbildung aus beiden Abständen zur Operationalisierung der 'Informationsdistanz' verbietet sich allein aus mathematischen Gründen, da Informationsbeziehungen innerhalb der PPS oft nicht bidirektionaler Art sind und infolgedessen der Fall einer Mittelwertbildung aus einem unendlichen und einem endlichen Abstand zwischen zwei PPS-Funktionen aufträte.

5.3.4 Ortsbezogenes Gruppierungskriterium

Das nachfolgend dargestellte Gruppierungskriterium berücksichtigt räumliche Aspekte, die bei der Gruppierung von PPS-Funktionen zu beachten sind.

Räumliche Restriktionen

Bei einigen PPS-Funktionen sind die Anwender räumlich an bestimmte Arbeitsorte gebunden. So ist z.B. der Arbeitsplatz eines Mitarbeiters der Wareneingangserfassung sinnvollerweise in der Nähe des Wareneingangs eingerichtet und ein Arbeitsverteiler in der Nähe der Fertigung postiert. Da es unter anderem ein Ziel des Verfahrens zur anwenderorientierten Dezentralisierung von PPS-Systemen ist, Subsysteme vor Ort zu ermöglichen, und die PPS-Funktionen in einem Subsystem so zusammenzustellen, daß ein Anwender mehr als eine PPS-Funktion ausüben kann, ist eine Zusammenfassung von PPS-Funktionen, die an verschiedenen Orten durchgeführt werden müssen, nicht sinnvoll. Deshalb müssen die 'räumlichen Restriktionen', das heißt die einschränkenden Bedingungen bei der Gruppierung von PPS-Funktionen zu Subsystemen, besonders berücksichtigt werden.

Das Kriterium der räumlichen Restriktionen überprüft ein PPS-Funktionspaar darauf, ob die beiden PPS-Funktionen an verschiedenen Orten durchgeführt werden müssen. Je stärker eine räumliche Zusammenfassung durch Restriktionen eingeschränkt ist, desto weniger ist das Paar zur Gruppierung geeignet.

Überprüfung der Anforderungen:

Da dem Aufstellen von räumlichen Restriktionen zum Teil subjektive Maßstäbe, Unternehmensstrategien etc. zugrundeliegen, ist das Kriterium als nur teilweise reproduzierbar eingestuft. Da alle anderen Anforderungen erfüllt sind, kann das Kriterium angewandt werden.

Operationalisierung:

Zur Operationalisierung des Gruppierungskriteriums 'Räumliche Restriktionen' bietet sich eine Klassifizierung in drei mögliche Merkmalsausprägungen an.

Zunächst kann der Fall eintreten, daß keine der beiden betrachteten PPS-Funktionen einer räumlichen Restriktion unterliegt, bzw. daß beide PPS-Funktionen derselben Restriktion unterliegen und damit an den gleichen Ausführungsort gebunden sind. Dies führt dazu, daß beide PPS-Funktionen aus dem Blickpunkt dieses Kriteriums gruppiert werden können; den 'räumlichen Restriktionen' wird der Erfüllungsgrad '0' zugewiesen (vgl. Abb. 5.27). Zum anderen besteht die Möglichkeit, daß eine der untersuchten PPS-Funktionen durch Restriktionen an einen bestimmten Ausführungsort gebunden ist, die andere hingegen nicht. In diesem Fall erhalten die 'räumlichen Restriktionen' den Wert '0,5'. Letztlich können beide betrachteten PPS-Funktionen durch unterschiedliche Restriktionen an verschiedene Orte gebunden sein. Hier ergibt sich ein Erfüllungsgrad von '1'. Die beste Gruppierungseignung besteht also bei einer Minimierung der 'räumlichen Restriktionen'.

Die besondere Bedeutung dieses scharfen Gruppierungskriteriums 'räumliche Restriktionen' (schon eine räumliche Restriktion nur einer PPS-Funktion wirkt sich negativ auf die Gruppierungsmöglichkeiten aus) drückt sich auch in dem zugeordneten verzögerten Sprung als Präferenzfunktionstyp aus. Obwohl die Ausprägungen dieses Gruppierungskriteriums unternehmensspezifischer Art sind,

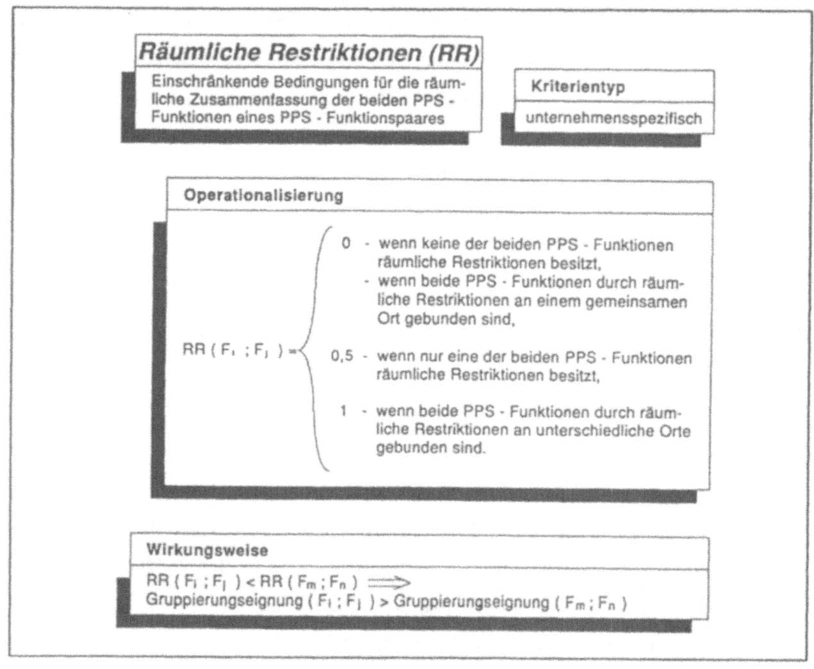

$$RR(F_i; F_j) < RR(F_m; F_n) \implies$$
$$\text{Gruppierungseignung}(F_i; F_j) > \text{Gruppierungseignung}(F_m; F_n)$$

Abb. 5.27: Operationalisierung des Gruppierungskriteriums 'Räumliche Restriktionen'

läßt sich für die Präferenzfunktion dieses Gruppierungskriteriums ein unternehmensneutraler Parameter festlegen (vgl. Abb. 5.28). Um dem oben geschilderten Sachverhalt Rechnung zu tragen, wurde der Parameter q_{RR} von den Experten auf '0,5' festgesetzt.

In Abb. 5.29 sind die beschriebenen Gruppierungskriterien mit dem Erfüllungsgrad der in Kapitel 5.1 aufgestellten Anforderungen wiedergegeben. Für den Gruppierungsschritt stehen somit, wie für den Abspaltungsschritt, sieben Kriterien zur Verfügung.

Der Einsatz des Verfahrens zur anwenderorientierten Dezentralisierung von PPS-Systemen auf der Basis der insgesamt 14 Dezentralisierungskriterien wird im folgenden Kapitel anhand eines Fallbeispiel dargestellt.

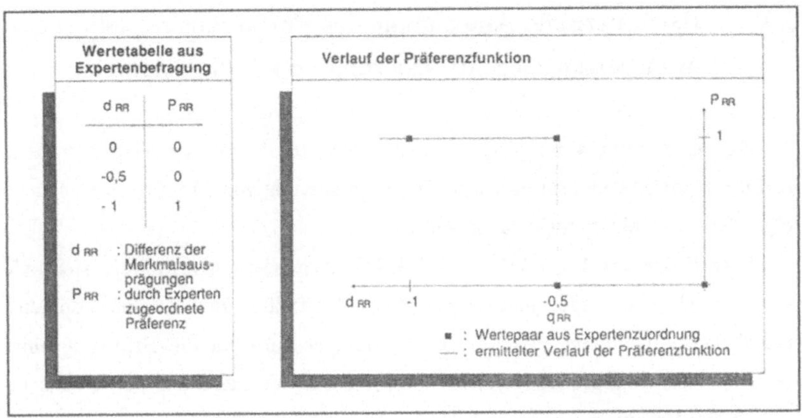

Abb. 5.28: Parameterfestlegung des Gruppierungskriteriums 'Räumliche Restriktionen'

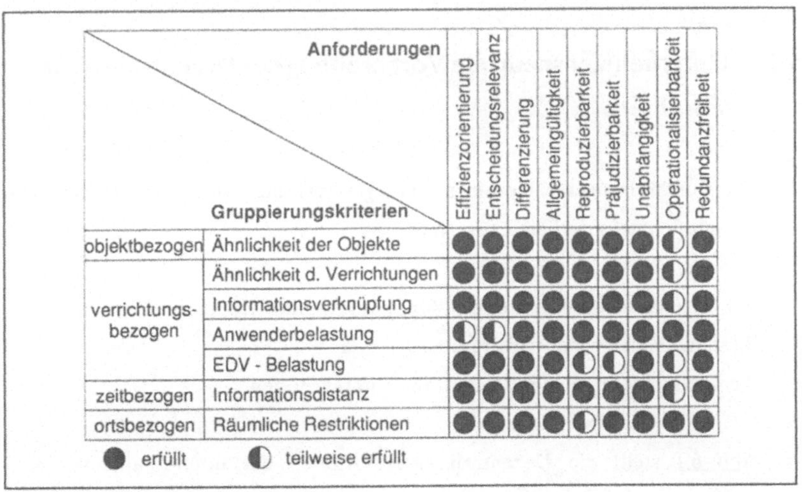

Abb. 5.29: Erfüllungsgrad der Anforderungen an die Gruppierungskriterien

6. Exemplarische Anwendung des Verfahrens zur anwenderorientierten Dezentralisierung von PPS-Systemen

Das in Kapitel 4 vorgestellte und in Kapitel 5 mit Kriterien versehene Verfahren zur anwenderorientierten Dezentralisierung von PPS-Systemen soll im folgenden beispielhaft angewandt werden.

Eine Reihe von Eingangsgrößen des Dezentralisierungsverfahrens sind, wie bereits dargestellt wurde, unternehmensneutral erfaßbar. Bei der unternehmensspezifischen Anwendung des Verfahrens kann deshalb auf die Erfassung einer Reihe von Eingangsgrößen verzichtet werden. Zur Verbesserung der Übersichtlichkeit werden unternehmensneutrale Vorbereitung und unternehmensspezifische Durchführung des Verfahrens getrennt dargestellt.

6.1 Unternehmensneutrale Vorbereitung des Dezentralisierungsverfahrens

Die Durchführung des Dezentralisierungsverfahrens macht zwei Gruppen von Eingangsgrößen erforderlich. Dies sind

- die Dezentralisierungskriterien (Abspaltungs- und Gruppierungskriterien) mit ihrer mathematischen Beschreibung sowie
- die Erfüllungsgrade der Dezentralisierungskriterien.

Abb. 6.1 stellt die Dezentralisierungskriterien mit ihren mathematischen Beschreibungsgrößen dar. Neben der Wirkrichtung, der Gewichtung und dem Präferenzfunktionstyp müssen die Parameter für die Präferenzfunktionen festgelegt werden. Abb. 6.1 macht deutlich, welche mathematischen Beschreibungsgrößen der Dezentralisierungskriterien unternehmensneutral festgelegt werden können und welche unternehmensspezifisch ermittelt werden müssen. Die Wirkrichtung der Dezentralisierungskriterien ist aus ihrer Operationalisierung eindeutig ableitbar. Die Präferenzfunktionstypen der einzelnen Dezentralisierungskriterien wurden im Rahmen der in Kapitel 5 angesprochenen Expertenbefragung allgemeingültig für sämtliche Dezentralisierungskriterien festgelegt.

	Kriterium	Wirk-richtung	vorgeschlg. Gewichtung	Präferenz-funktionstyp	Parameter
Abspaltungskriterien	Detaillierungsgrad (DG)	max	1		$q = 0$ $p = 2,5$
	Dispositionsspielraum (DS)	min	0,5		$q = -0,2$ $p = -1,8$
	Dialogbedarf (DB)	max	1		$q = 7$ $p = 73$
	Rechenintensität (RI)	min	1		$q = $ ▨ $p = $ ▨
	Zeitlicher Horizont (ZH)	min	0,5		$q = $ ▨ $p = $ ▨
	Eingangsdatenherkunft (EH)	max	1		$q = $ ▨ $p = $ ▨
	Ausgangsdatenverwendung (AV)	max	1		$q = $ ▨ $p = $ ▨
Gruppierungskriterien	EDV - Belastung (EB)	min	0,5		$q = $ ▨ $p = $ ▨
	Anwender - Belastung (AB)	min	0,5		$q = -7$ $p = -73$
	Ähnlichkeit der Verrichtungen (VA)	max	1		$q = 0,2$ $p = 1$
	Ähnlichkeit der Objekte (OÄ)	max	1		$q = 0,2$ $p = 1$
	Informationsdistanz (ID)	min	2		$q = $ ▨ $p = $ ▨
	Informationsverknüpfung (IV)	max	2		$q = $ ▨ $p = $ ▨
	Räumliche Restriktionen (RR)	min	4		$q = -0,5$

▨ unternehmensspezifisch auszufüllen

Abb. 6.1: Zusammenstellung der angewandten Dezentralisierungskriterien und ihrer mathematischen Beschreibung

Die Gewichtung der Abspaltungskriterien geht von der grundsätzlichen Überlegung aus, daß voneinander unabhängige Abspaltungkriterien von gleichrangiger Bedeutung sind. Die Analyse der Abspaltungskriterien zeigte allerdings, daß zwischen den Kriterien 'Dispositionsspielraum' und 'zeitlicher

Horizont' ein kausaler Zusammenhang zu erwarten ist. Je weiter eine PPS-Funktion 'nach unten' zur Ausführungsebene hin verlagert werden kann, desto geringer ist der 'Dispositionsspielraum' dieser PPS-Funktion. In der gleichen Verlagerungsrichtung nimmt tendenziell der 'zeitliche Horizont' einer PPS-Funktion ab.

Zwischen beiden Abspaltungskriterien besteht kein strikter formelmäßiger, sondern lediglich ein tendenzieller Zusammenhang mit großer Schwankungsbreite. Es bietet sich deshalb an, beide Dezentralisierungskriterien beizubehalten und durch eine Verringerung der Gewichtung der beiden Kriterien sicherzustellen, daß keine indirekte Übergewichtung eines Dezentralisierungsaspektes erfolgt. In diesem Sinne wurde die Gewichtung der beiden Abspaltungskriterien 'Dispositionsspielraum' und 'zeitlicher Horizont' jeweils auf 0,5 herabgesetzt.

Die Gewichtung der Gruppierungskriterien kann nicht von einer grundsätzlichen Gleichgewichtung aller Kriterien ausgehen. 'Räumliche Restriktionen' stellen bei der Gruppierung ein dominantes Kriterium dar, da es im Sinne der Anwenderorientierung des Dezentralisierungsverfahrens zwecklos ist, PPS-Funktionen an einem Anwendungsort zu gruppieren, die räumlich ungruppierbar sind. Aus diesem Grunde werden die 'räumlichen Restriktionen' deutlich höher gewichtet als die anderen Gruppierungskriterien. Den Gruppierungs**aspekten**, die hinter den anderen sechs Kriterien stehen, kann eine grundsätzlich gleiche hohe Bedeutung unterstellt werden.

Ein Vergleich der Operationalisierungsformeln für die 'Informationsdistanz' (Abb. 5.26) und die 'Informationsverknüpfung' (Abb. 5.22) zeigt, daß immer nur eines der beiden Gruppierungskriterien wirkt, während das andere den Wert '0' annimmt. Die Gewichtung dieser beiden Gruppierungskriterien wurde verdoppelt, um den Aspekt der Prozeßorientierung, der sich in diesen beiden Kriterien ausdrückt, bei der Gruppierung gegenüber den anderen Kriterien nicht in den Hintergrund zu drängen.

Versuche mit unterschiedlichen Testdaten haben immer wieder eine hohe Korrelation zwischen den Gruppierungskriterien 'EDV-Belastung' und 'Anwender-Belastung' ergeben. Die aus der Gruppierung zweier PPS-Funktionen resultierende 'EDV-Belastung' wird aus den Rechenintensitäten der beiden PPS-Funktionen abgeleitet. Die 'Anwender-Belastung', die aus der Gruppierung zweier PPS-Funktionen folgt, ergibt sich aus den Dialogbedarfen der beiden PPS-Funktionen. Zwischen 'Rechenintensität' und 'Dialogbedarf' ist kein kausaler Zusammenhang zu erkennen; steigende 'Rechenintensität' zieht nicht grundsätzlich höheren 'Dialogbedarf' nach, noch bedingt ein erhöhter 'Dialogbedarf' zwangsläufig gesteigerte 'Rechenintensität'. Um sicherzustellen, daß nicht ein bestimmter Sachverhalt gegenüber anderen ungerechtfertigterweise in den Vordergrund tritt, werden die Gewichtungen der beiden Gruppierungskriterien 'Anwender-Belastung' und 'EDV-Belastung' auf 0,5 reduziert.

Die für die einzelnen Dezentralisierungskriterien angesetzten Gewichtungen verstehen sich als Vorschläge, von denen bei der unternehmensspezifischen Durchführung des Dezentralisierungsverfahrens abgewichen werden kann.

Die Herleitung der unternehmensneutralen Erfüllungsgrade der Dezentralisierungskriterien wird für die einzelnen PPS-Funktionen im Anhang dargestellt. Dies betrifft die Abspaltungskriterien 'Detaillierungsgrad' (Abb. 9.1), 'Dispositionsspielraum' (Abb. 9.2) und 'Dialogbedarf' (Abb. 9.3), sowie die Gruppierungskriterien 'Ähnlichkeit der Objekte' (Abb. 9.4 und Abb. 9.5), 'Ähnlichkeit der Verrichtungen' (Abb. 9.6 und Abb. 9.7) und 'Anwender-Belastung' (Abb. 9.8).

Der Grad der unternehmensneutralen Vorbereitung des Verfahrens zur anwenderorientierten Dezentralisierung von PPS-Systemen wird deutlich, wenn man die Eingangsinformationen in Form einer Matrix aufbereitet. Abb. 6.2 zeigt die Matrix für die unternehmensneutralen Erfüllungsgrade der Abspaltungskriterien.

Eine entsprechende Matrix mit den unternehmensneutralen Erfüllungsgraden der Gruppierungskriterien ist sehr lang, da die Erfüllungsgrade nicht für jede PPS-Funktion, sondern für jede paarweise Kombination von PPS-Funktionen ermittelt werden müssen. Eine solche Matrix würde bei 22 Standard-PPS-Funktionen 231 Zeilen umfassen, deshalb wird hierauf verzichtet. Hinsichtlich der unternehmensneutralen Erfüllungsgrade der Gruppierungskriterien sei auf die entsprechenden Abbildungen im Anhang verwiesen (Abb. 9.5, Abb.9.7 und Abb. 9.8).

PPS- Funktionen		Abspaltungskriterien						
		DG	DS	DB	RI	ZH	EH	AV
	Wirkrichtung	max	min	max	min	min	max	max
	Gewichtung	1	0,5	1	1	0,5	1	1
	Typ	V	V	V	V	V	V	V
	Parameter q	0	-0,2	7				
	Parameter p	2,5	-1,8	73				
Prognoserechnung		1,33	3	38				
Kundenauftragseinplanung		1,17	3	63				
Auftragsterminierung		2,00	3	38				
Kapazitätsdeckungsrechnung		1,67	3	13				
Materialdeckungsrechnung		1,17	3	13				
Bedarfsermittlung		1,33	3	44				
Bestandsführung		1,33	1	25				
Bestellmengenrechnung		1,33	3	0				
Bestellauslösung		1,33	2,5	6				
Durchlaufterminierung		3,33	2,5	13				
Kapazitätsbedarfsermittlung		2,00	2	13				
Kapazitätsabstimmung		2,00	2	0				
Reihenfolgeplanung		3,33	2	50				
Fertigungsauftragsfreigabe		3,83	2	63				
Fertigungsbelegerstellung		3,33	1	44				
Arbeitsverteilung		4,00	2	63				
Bestellauftragsfreigabe		1,33	2,5	63				
Bestellschreibung		1,33	1	50				
Fertigungsfortschrittserfassung		3,83	1,5	56				
MTQ-überwg. Eigenfertigung		3,67	1,5	100				
Wareneingangserfassung		1,33	1	31				
MTQ-überwg. Bestellteile		1,33	1	31				

Abb. 6.2: Unternehmensneutrale Matrix der Erfüllungsgrade für die Abspaltungskriterien

6.2 Durchführung des Dezentralisierungsverfahrens in einem Unternehmen

Die exemplarische Anwendung des entwickelten Verfahrens zur anwenderorientierten Dezentralisierung von PPS-Systemen wurde in einem Maschinenbauunternehmen durchgeführt. Das Unternehmen stellt Maschinen für die Fleischverarbeitung her und erwirtschaftete mit durchschnittlich 100 Mitarbeitern im Geschäftsjahr 1989 einen Umsatz von ca. 28 Millionen DM.

Das Unternehmen strebte ein neues dezentrales PPS-Konzept an. Entscheidendes Merkmal des angestrebten neuen PPS-Konzeptes wie des altes Konzeptes ist, daß die Auftragsterminierung ohne Berücksichtigung der Fertigungskapazitäten erfolgen soll. Das Unternehmen hat mit einem derartigen Konzept aufbauend auf einem einfachen eigenprogrammierten PPS-System gute Erfahrungen gemacht.

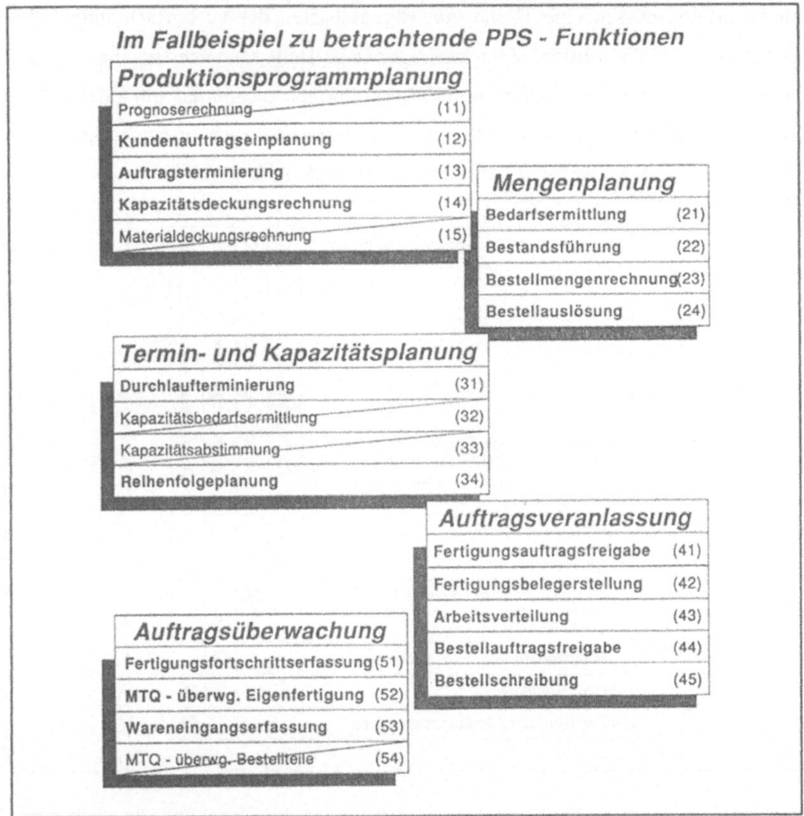

Abb. 6.3: Im Fallbeispiel zu betrachtende PPS-Funktionen

Breit ausgebildete Mitarbeiter in der Fertigung sowie ein hoher Anteil an Spezialmaschinen, die nur gering ausgelastet sind, sprechen für das Konzept. Aufbauend auf einer Durchlaufterminierung sollen an den einzelnen Kapazitätsgruppen Warteschlangen von Werkstattaufträgen gebildet und nach Prioritätskriterien abgearbeitet werden.

<u>Abb. 6.3</u> führt alle im vorliegenden Fall zu betrachtenden PPS-Funktionen auf.

Um die unternehmensspezifischen Erfüllungsgrade der Abspaltungskriterien zu ermitteln, müssen eine Reihe von Eigenschaften der zu betrachtenden PPS-Funktionen erfaßt werden. Zweckmäßigerweise stellt man hierfür zunächst alle zu betrachtenden Eigenschaften von PPS-Funktionen zusammen, um anschließend in einem Durchlauf mit den zuständigen betrieblichen Fachleuten die konkreten Ausprägungen der Eigenschaften zu erfassen (vgl. <u>Abb 6.4</u>).

zu betrachtende Eigenschaften von PPS - Funktionen \ unternehmensspezifische Abspaltungskriterien	Rechenintensität (RI)	zeitlicher Horizont (ZH)	Eingangsdatenherkunft (EH)	Ausgangsdatenverwendung (AV)
Datenvolumen.	●			
Ausführungshäufigkeit	●			
Komplexität	●			
EDV-/anwenderseitig betrachteter Zeitraum		●		
Eingangsdatentypen			●	
Herkunftsort der Eingangsdatentypen			●	
Ausgangsdatentypen				●
Herkunftsort der Ausgangsdatentypen				●

Abb. 6.4: Zusammenstellung der zu betrachtenden PPS-Funktionseigenschaften

Erst wenn die unternehmensspezifischen Erfüllungsgrade der Abspaltungskriterien feststehen, können die Parameter der Präferenzfunktionen festgelegt werden, da eine sinnvolle Festlegung der Parameter die Bandbreite der Erfüllungsgrade berücksichtigen muß.

Aus Gründen der besseren Überschaubarkeit jedoch, werden nachfolgend die einzelnen Abspaltungskriterien hintereinander abgehandelt.

Rechenintensität

Zur Erfassung der Rechenintensität der einzelnen PPS-Funktionen müssen deren Datenvolumen, Ausführungshäufigkeit sowie Komplexität abgeschätzt werden. Abb. 6.5 listet die von den betrieblichen Fachleuten festgelegten Werte für die drei Eigenschaften und die daraus errechneten Rechenintensitäten auf.

PPS-Funktionen		Datenvolumen	Ausführungs-häufigkeit	Komplexität	Rechenintensität RI
Kundenauftragseinplanung	12	20 MB	10 / W	1	11,0
Auftragsterminierung	13	20 MB	1 / W	2	11,0
Kapazitätsdeckungsrechnung	14	20 MB	1 / W	2	11,0
Bedarfsermittlung	21	150 MB	0,5 / W	2	11,6
Bestandsführung	22	80 MB	0,5 / W	1	10,3
Bestellmengenrechnung	23	30 MB	0,5 / W	2	10,9
Bestellauslösung	24	30 MB	1 / W	1	10,2
Durchlaufterminierung	31	100 MB	2 / W	4	14,0
Reihenfolgeplanung	34	100 MB	2 / W	2	12,0
Fertigungsauftragsfreigabe	41	700 kB	100 / d	1	11,4
Fertigungsbelegerstellung	42	100 kB	100 / d	1	10,6
Arbeitsverteilung	43	8 MB	600 / d	1	13,2
Bestellauftragsfreigabe	44	80 kB	40 / d	1	10,1
Bestellschreibung	45	80 kB	40 / d	1	10,1
Fertigungsfortschrittserfassung	51	1 kB	600 / d	1	9,3
MTQ-überwg. Eigenfertigung	52	8 MB	600 / d	2	14,2
Wareneingangserfassung	53	1 kB	40 / d	1	8,2

d : Tag   W : Woche

Abb. 6.5: Datenvolumen, Ausführungshäufigkeit und Komplexität der betrachteten PPS-Funktionen sowie daraus resultierende Rechenintensitäten

Nachdem die Rechenintensitäten der betrachteten PPS-Funktionen ermittelt worden sind, müssen die Parameter für die Präferenzfunktion festgelegt werden. Dies erfolgt auf die gleiche Art und Weise, wie in Kapitel 5 für die unternehmensneutralen Dezentralisierungskriterien bereits erläutert, allerdings wird die Wertetabelle durch die betrieblichen Fachleute gegebenenfalls in Verbindung mit außerbetrieblichen Experten erstellt (Abb. 6.6).

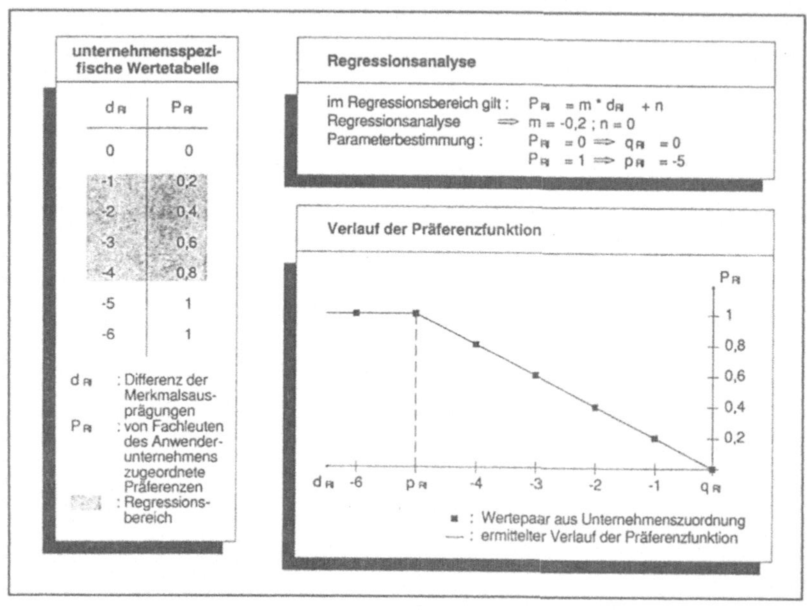

Abb. 6.6: Ermittlung der unternehmensspezifischen Parameter für die Präferenzfunktion des Abspaltungskriteriums 'Rechenintensität'

zeitlicher Horizont

Die unternehmensspezifische Operationalisierung des 'zeitlichen Horizonts' wurde in Kapitel 5 bereits im Rahmen der Besprechung dieses Abspaltungskriteriums vorgestellt und soll nachfolgend am Beispiel (vgl. Abb. 6.7) veranschaulicht werden. Die Operationalisierung kann in drei Schritte eingeteilt werden:

1. Erfassung des EDV- oder anwenderseitig betrachteten, bzw. zu betrachtenden Zeitraums für jede zu berücksichtigende PPS-Funktion (Aufbau einer Zeitskala),

2. anwenderseitige Bewertung der 'Spannweiten' zwischen zwei Zeitangaben auf einer Skala von 0 (kein Unterschied in der Bedeutung zwischen zwei

zu betrachtende PPS - Funktionen	Betrachtungs- zeitraum	zeitlicher Horizont (kardinale Skala)
Kundenauftragseinplanung	8 Monate	17
Auftragsterminierung	8 Monate	17
Kapazitätsdeckungsrechnung	6 Monate	16
Bedarfsermittlung	8 Monate	17
Bestandsführung	Gegenwart	0
Bestellmengenrechnung	4 Wochen	13
Bestellauslösung	Gegenwart	0
Durchlaufterminierung	10 Monate	18
Reihenfolgeplanung	2 Wochen	11
Fertigungsauftragsfreigabe	2 Wochen	11
Fertigungsbelegerstellung	Gegenwart	0
Arbeitsverteilung	2 Schichten	6
Bestellauftragsfreigabe	Gegenwart	0
Bestellschreibung	Gegenwart	0
Fertigungsfortschrittserfassung	Gegenwart	0
M.-,T.-,Q.-überwg. Eigenfertigung	1 Woche	9
Wareneingangserfassung	Gegenwart	0

Abb. 6.7: Unternehmensspezifische Operationalisierung des Abspaltungskriteriums 'zeitlicher Horizont'

zeitlichen Horizonten) bis 5 (große Unterschiede in der Bedeutung zwischen zwei zeitlichen Horizonten) und Aufbau einer kardinalen Zeitskala,

3.   Errechnen der Erfüllungsgrade des Abspaltungskriteriums 'zeitlicher Horizont'.

Wichtig beim Aufbau der Zeitskala ist, daß alle Werte, die als Betrachtungszeitraum bei den PPS-Funktionen genannt wurden, in der Zeitskala aufgeführt werden. Darüber hinaus kann es notwendig werden, weitere Werte aufzuführen, falls zwischen zwei, als Betrachtungszeiträume genannten Werten, große zeitliche Sprünge liegen. Im vorliegenden Fall wurden über die als Betrachtungszeiträume genannten Werte hinaus noch die Werte 'Stunden', '1 Schicht' und '4 Wochen' eingefügt, um eine präzisere Bewertung der Spannweiten zu ermöglichen.

Die Parameter der Präferenzfunktion des 'zeitlichen Horizonts' müssen ebenso, wie bei der 'Rechenintensität', durch die betrieblichen Fachleute gegebenenfalls in Verbindung mit außerbetrieblichen Experten ermittelt werden. Die Ermittlung der Parameter ist im Anhang in <u>Abb. 9.9</u> dargestellt.

<u>Eingangsdatenherkunft, Ausgangsdatenverwendung</u>

'Eingangsdatenherkunft' wie 'Ausgangsdatenverwendung' sind zwei Abspaltungskriterien, welche zur Operationalisierung die Erfassung von zahlreichen Eingangsdaten und Ausgangsdaten sowie deren Verwendungsorten erfordern. Die Zusammenstellung dieser Daten kann mit Hilfe des in <u>Abb 6.8</u> dargestellten Erfassungsbogens durchgeführt werden.

Die Zusammenstellung der Eingangsdaten und Ausgangsdaten läßt sich stark vereinfachen, indem eine Liste möglicher Daten für die einzelnen PPS-Funktionen vorgegeben wird, in welcher unternehmensspezifisch markiert und ergänzt werden kann, welche Daten wo eingegeben, beziehungsweise verwendet werden. Eine solche Liste ist für die betrachteten PPS-Funktionen im Anhang in <u>Abb. 9.10a-m</u> dargestellt.

Hiermit stehen alle Informationen zur Verfügung um die Erfüllungsgrade der Abspaltungskriterien 'Eingangsdatenherkunft' und 'Ausgangsdatenverwendung' zu ermitteln. Hinsichtlich dieser Ermittlung sowie der Festlegung der Parameter der beiden Präferenzfunktionen sei auf den Anhang (<u>Abb. 9.11</u> und <u>Abb. 9.12</u>) verwiesen.

Nachdem die Erfüllungsgrade der unternehmensspezifischen Abspaltungskriterien ermittelt worden sind, steht die komplette Matrix der Erfüllungsgrade für die Durchführung der PROMETHEE-Methode zur Verfügung (<u>Abb. 6.9</u>).

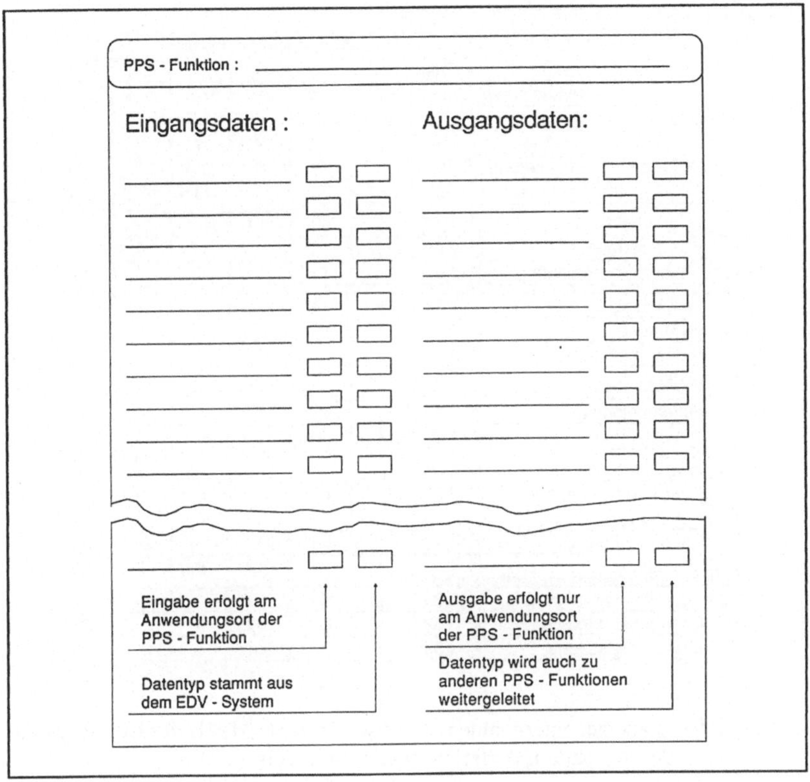

Abb. 6.8: Beispiel eines Erfassungsformulars für die Eingangsdaten und Ausgangsdaten einer PPS-Funktion

Die mathematischen Berechnungen wurden mittels des Software-Paketes PROMCALC von BRANS und MARESCHAL (vgl. BRANS o.J.) durchgeführt. Zur Überprüfung der vorgegebenen Gewichtungen der einzelnen Abspaltungskriterien wurde zuerst eine Korrelationsanalyse gefahren, deren Ergebnisse in Abb. 6.10 wiedergegeben sind. Es zeigt sich, daß die vermutete höhere Korrelation zwischen den Abspaltungskriterien 'Dispositionsspielraum' und 'zeitlicher Horizont' in der Tat auftritt. In Abstimmung mit den betrieblichen Fachleuten wurden daher die unternehmensneutral vorgegebenen Gewichtungen der Abspaltungskriterien für diesen unternehmensspezifischen Fall übernommen.

PPS- Funktionen		Abspaltungskriterien						
		DG	DS	DB	RI	ZH	EH	AV
	Wirkrichtung	max	min	max	min	min	max	max
	Gewichtung	1	0,5	1	1	0,5	1	1
	Typ	V	V	V	V	V	V	V
	Parameter q	0	-0,2	7	0	-1,4	2,5	2,5
	Parameter p	2,5	-1,8	73	-5	-13,9	52,5	52,5
Kundenauftragseinplanung		1,17	3	63	11,0	17	64	0
Auftragsterminierung		2,00	3	38	11,0	17	0	0
Kapazitätsdeckungsrechnung		1,67	3	13	11,0	16	4	17
Bedarfsermittlung		1,33	3	44	11,6	17	9	11
Bestandsführung		1,33	1	25	10,3	0	31	24
Bestellmengenrechnung		1,33	3	0	10,9	13	0	15
Bestellauslösung		1,33	2,5	6	10,2	0	8	0
Durchlaufterminierung		3,33	2,5	13	14,0	18	0	33
Reihenfolgeplanung		3,33	2	50	12,0	11	0	19
Fertigungsauftragsfreigabe		3,83	2	63	11,4	11	5	14
Fertigungsbelegerstellung		3,33	1	44	10,6	0	0	0
Arbeitsverteilung		4,00	2	63	13,2	6	0	75
Bestellauftragsfreigabe		1,33	2,5	63	10,1	0	20	58
Bestellschreibung		1,33	1	50	10,1	0	6	89
Fertigungsfortschrittserfassung		3,83	1,5	56	9,3	0	47	0
MTQ-überwg. Eigenfertigung		3,67	1,5	100	14,2	9	16	28
Wareneingangserfassung		1,33	1	31	8,2	0	21	13

Abb. 6.9: Vollständige, unternehmensspezifisch ergänzte Matrix der Erfüllungsgrade der Abspaltungskriterien des Fallbeispiels

	C 1	C 2	C 3	C 4	C 5	C 6	C 7
C 1 Detaillierungsgrad	1.000						
C 2 Dispositionsspielraum	-0.279	1.000					
C 3 Dialogbedarf	0.461	-0.283	1.000				
C 4 Rechenintensität	0.533	0.252	0.290	1.000			
C 5 zeitl Horizont	0.020	0.759	-0.099	0.552	1.000		
C 6 Eingangsdatenherkunft	-0.209	-0.080	0.296	-0.348	-0.149	1.000	
C 7 Ausgangsdatenverwendung	0.036	-0.253	0.252	0.222	-0.258	-0.251	1.000

Abb. 6.10: Korrelationsmatrix der Abspaltungskriterien im Fallbeispiel

Aufbauend auf den akzeptierten Gewichtungen der einzelnen Abspaltungskriterien wurde die PROMETHEE-II-Rangreihe ermittelt (<u>Abb. 6.11</u>) und
mit den betrieblichen Fachleuten diskutiert. Die errechnete PROMETHEE-II-
Rangreihe stellt lediglich eine relative Rangreihe dar. Der Rangreihe ist deshalb
nicht direkt, z.B. mit Hilfe eines Nutzwertes zu entnehmen, bis zu welcher PPS-
Funktion in der Rangreihe eine Abspaltung sinnvoll ist. Diese Entscheidung ist
durch die betrieblichen Fachleute ggf. in Zusammenarbeit mit externen Experten
zu treffen. Hierzu werden die einzelnen PPS-Funktionen der Rangreihe folgend
daraufhin analysiert, ob man seitens der Fachleute einer Abspaltung der
betreffenden PPS-Funktion, unter Berücksichtigung der betrieblichen Randbedingungen, zustimmen kann.

```
        P R O M E T H E E   I I   C O M P L E T E   R A N K I N G

          ┌──────────────────────────────────────────────────────┐
          │      PPS-Funktion                          Phi         │
          ├──────────────────────────────────────────────────────┤
          │  1. A 15: Fertigungsfortschrittserfassung  (  0.321)   │
          │  2. A 14: Bestellschreibung                (  0.205)   │
          │  3. A 12: Arbeitsverteilung                (  0.201)   │
          │  4. A 13: Bestellauftragsfreigabe          (  0.163)   │
          │  5. A 16: MTQ-überwachung Eigenfertigung   (  0.153)   │
          │  6. A 17: Wareneingangserfassung           (  0.092)   │
          │  7. A 11: Fertigungsbelegerstellung        (  0.085)   │
          │  8. A  5: Bestandsführung                  (  0.072)   │
          │  9. A 10: Fertigungsauftragsfreigabe       (  0.070)   │
          │                                                        │
          │  ───────── << Abspaltungsgrenze >> ─────────           │
          │                                                        │
          │ 10. A  9: Reihenfolgeplanung               ( -0.012)   │
          │ 11. A  1: Kundenauftragseinplanung         ( -0.032)   │
          │ 12. A  8: Durchlaufterminierung            ( -0.174)   │
          │ 13. A  7: Bestellauslösung                 ( -0.175)   │
          │ 14. A  2: Auftragsterminierung             ( -0.217)   │
          │ 15. A  4: Bedarfsermittlung                ( -0.220)   │
          │ 16. A  3: Kapazitätsdeckungsrechnung       ( -0.241)   │
          │ 17. A  6: Bestellmengenrechnung            ( -0.289)   │
          └──────────────────────────────────────────────────────┘
```

Abb. 6.11: PROMETHEE-II-Rangreihe der Abspaltungseignung der betrachteten
PPS-Funktionen des Fallbeispiels

Im vorliegenden Fall war man sich einig, daß die PPS-Funktion 'Fertigungsauftragsfreigabe' auf jeden Fall aus einem zentralen PPS-System abgespaltet

werden sollte. Die PPS-Funktion 'Reihenfolgeplanung' jedoch sollte zentral gehalten werden.

Durch eine solche Analyse und Beurteilung der einzelnen PPS-Funktionen in der PROMETHEE-II-Rangreihe wird die Abspaltungsgrenze festgelegt. Im vorliegenden Fallbeispiel sind alle PPS-Funktionen, die in der Rangreihe **vor** der 'Reihenfolgeplanung' stehen, abzuspalten und alle PPS-Funktionen, die in der Rangreihe **hinter** der 'Fertigungsauftragsfreigabe' folgen, auf einem Zentralsystem zu halten.

Der Abspaltungsschritt ist mit diesem Ergebnis abgeschlossen. Es schließt sich der Gruppierungsschritt an, in dem die abgespalteten PPS-Funktionen zu Subsystemen zusammengefaßt werden. In Kapitel 4.3 wurde bereits dargestellt, daß zu diesem Zweck aus den abgespalteten PPS-Funktionen Paare im Sinne einer Kombination ohne Wiederholung gebildet werden. Wie beim Abspaltungsschritt sind auch beim Gruppierungsschritt sieben Kriterien anzusetzen, die nachfolgend der Reihe nach angesprochen werden:

EDV-Belastung

Die Erfüllungsgrade des Gruppierungskriteriums 'EDV-Belastung' können aus den unternehmensspezifisch ermittelten Erfüllungsgraden des Abspaltungskriteriums 'Rechenintensität' abgeleitet werden. Hierzu werden, wie in Kapitel 5.3 erläutert, die Rechenintensitäten der einzelnen PPS-Funktionen eines betrachteten PPS-Funktionspaars addiert. Die unternehmensspezifische Festlegung der Parameter der Präferenzfunktion ist im Anhang in <u>Abb. 9.13</u> aufgeführt.

Anwender-Belastung

Die Erfüllungsgrade des Gruppierungskriteriums 'Anwender-Belastung' können aus den Erfüllungsgraden des unternehmensneutralen Abspaltungskriteriums 'Dialogbedarf' abgeleitet werden und liegen bereits für alle PPS-Funktionspaarungen aufbereitet als Matrix vor (siehe <u>Abb. 9.8</u> im Anhang). Aufgrund der Operationalisierungsformel dieses Gruppierungskriteriums ist es möglich, für die Präferenzfunktion die Parameter des Abspaltungskriteriums 'Dialogbedarf' zu übernehmen.

Ähnlichkeit der Verrichtungen, Ähnlichkeit der Objekte

Die Erfüllungsgrade der Gruppierungskriterien 'Ähnlichkeit der Objekte' und 'Ähnlichkeit der Verrichtungen' sowie die Parameter der zugehörigen Präferenzfunktionen liegen als unternehmensneutrale Ergebnisse einer Expertenbefragung vor (siehe Anhang, <u>Abb. 9.5</u> und <u>Abb. 9.7</u>). Die Erfüllungsgrade müssen lediglich für die gegebenen PPS-Funktionspaare zusammengestellt werden.

Informationsdistanz, Informationsverknüpfung

Die Erfüllungsgrade der beiden unternehmensspezifischen Gruppierungskriterien 'Informationsdistanz' und 'Informationsverknüpfung' müssen für den Gruppierungsschritt gesondert erfaßt werden. Es kann allerdings auf der aus dem Kölner Integrationsmodell abgeleiteten Informationsmatrix der PPS-Funktionen aufgebaut werden. Hierzu werden aus dem Informationsnetz zuerst die Zeilen und Spalten aller nichtbetrachteten PPS-Funktionen gestrichen. Anschließend ist die reduzierte Informationsmatrix darauf zu überprüfen, ob zusätzliche Informationsbeziehungen eingefügt werden müssen.

In der entsprechend bearbeiteten Informationsmatrix des Fallbeispiels (vgl. <u>Abb 6.12</u>) wurden von den betrieblichen Fachleuten drei gesondert markierte unternehmensspezifische Informationsbeziehungen ergänzt. Zur Ermittlung der 'Informationsverknüpfung' kann anhand der reduzierten Informationsmatrix ein Informationsnetz gezeichnet werden (siehe Anhang, <u>Abb. 9.14</u>), aus dem die Erfüllungsgrade dieses Gruppierungskriteriums bei den einzelnen PPS-Funktionspaaren leicht abgelesen werden können.

Die 'Informationsverknüpfung' kann auch direkt aus der reduzierten Informationsmatrix ermittelt werden. Hierzu wird zuerst überprüft, ob zwischen zwei PPS-Funktionen F_i und F_j überhaupt eine direkte Informationsbeziehung besteht. Ist dies nicht der Fall, so ergibt sich der Erfüllungsgrad der 'Informationsverknüpfung' bezüglich des Funktionspaares $F_i;F_j$ zu Null ($IV_{ij}=0$). Gibt es eine direkte Informationsbeziehung **entweder** von F_i nach F_j **oder** umgekehrt, so erhält der Zähler von IV_{ij} den Wert '1'. Der Nenner von IV_{ij} ergibt sich in diesem Fall aus der Summe der eingehenden und ausgehenden 'Informations-

- 150 -

Informationsmatrix des Fallbeispiels		nach PPS-Funktion																
von PPS-Funktion		12	13	14	21	22	23	24	31	34	41	42	43	44	45	51	52	53
Kundenauftragseinplanung	12		O						O									
Auftragsterminierung	13			O					O									
Kapazitätsdeckungsrechnung	14																	
Bedarfsermittlung	21						O	O										
Bestandsführung	22		O		O		O				O		O	O				
Bestellmengenrechnung	23					O		O	O			O		O				
Bestellauslösung	24				O													
Durchlaufterminierung	31									X	O							
Reihenfolgeplanung	34								O		O							
Fertigungsauftragsfreigabe	41											O	O				O	
Fertigungsbelegerstellung	42																	
Arbeitsverteilung	43																O	
Bestellauftragsfreigabe	44														O			O
Bestellschreibung	45																	
Fertigungsfortschrittserfassung	51					O			O								O	
MTQ-überwg. Eigenfertigung	52	O	O	O					O				O					
Wareneingangserfassung	53					X					X	O						

O : unternehmensneutrale Informationsverknüpfungen
X : zusätzliche unternehmensspezifische Informationsverknüpfungen

Abb. 6.12: Informationsmatrix des Fallbeispiels

ströme' beider PPS-Funktionen F_i und F_j, minimiert um den Wert '2'. Durch die Subtraktion des Wertes '2' wird von der Gesamtzahl der ein- und ausgehenden Informationsströme die 'Innenbeziehung' zwischen F_i und F_j abgezogen, die bei der einen PPS-Funktion als eingehender und bei der anderen PPS-Funktion als ausgehender Informationsstrom mitgezählt wurde. Existiert eine Informationsverknüpfung von F_i nach F_j **und** umgekehrt, erhält der Zähler den Wert '2'. Der Nenner ergibt sich analog zu oben aus der Summe der eingehenden und ausgehenden 'Informationsströme' beider PPS-Funktionen F_i und F_j, in diesem Falle minimiert um den Wert '4'.

Die Parameter der Präferenzfunktion des Gruppierungskriteriums 'Informationsverknüpfung' müssen, in bekannter Weise, unternehmensspezifisch festgelegt werden (siehe Abb. 9.15 im Anhang).

Die Erfüllungsgrade des Gruppierungskriteriums 'Informationsdistanz' bezüglich zweier Funktionen F_i und F_j ($=ID_{ij}$) können aus der reduzierten Informationsmatrix oder dem Informationsnetz abgeleitet werden, indem man die kürzesten Verbindungen zwischen F_i und F_j bzw. umgekehrt ermittelt. Eine mögliche Vorgehensweise zur Ermittlung der Informationsdistanz wird im folgenden beschrieben:

Ausgangspunkt des Verfahrens ist eine der beiden betrachteten PPS-Funktionen (z.B. F_i). Für diese PPS-Funktion sind sämtliche eingehenden Informationsströme aufzuzeichnen, deren Rückverfolgung zu den vorgelagerten PPS-Funktionen führt. Von diesen PPS-Funktionen sind wieder sämtliche eingehenden Informationsströme incl. der vorgelagerten PPS-Funktionen festzuhalten. Dieses Verfahren ist solange anzuwenden, bis entweder die zweite betrachtete PPS-Funktion (F_j) in der Prozeßkette auftritt oder das Verfahren aufgrund von Sackgassen bzw. Zirkelschlüssen zu beenden ist. Im ersten Fall kann der Abstand von F_i nach F_j über die Anzahl der zwischen F_i und F_j liegenden PPS-Funktionen bestimmt werden. Im zweiten Fall ist der Abstand unendlich groß. Nach Anwendung des Verfahrens für die Gegenrichtung (Ausgangspunkt F_j) kann die Informationsdistanz durch den minimalen ermittelten Abstand ausgedrückt werden.

Die Parameter der Präferenzfunktion dieses Gruppierungskriteriums werden wiederum unternehmensspezifisch festgelegt (siehe Anhang, <u>Abb. 9.16</u>).

<u>Räumliche Restriktionen</u>

Die Erfüllungsgrade des Gruppierungskriteriums 'räumliche Restriktionen' sind unternehmensspezifisch, ohne Rückgriff auf bereits erarbeitete Größen festzulegen. Bei diesem Gruppierungskriterium kommt ein anderer Präferenzfunktionstyp zum Einsatz, der 'verzögerte Sprung', für den der Parameter bereits im Rahmen der in Kapitel 5 erwähnten Expertenbefragung vorgegeben worden ist.

<u>Abb. 6.13</u> stellt die komplette Matrix der Erfüllungsgrade für den Gruppierungsschritt des Fallbeispiels zusammen.

Die Anwendung der PROMETHEE-Methode erfolgt analog zum Abspaltungsschritt. Wiederum werden zuerst die Korrelationen zwischen den Gruppierungskriterien ermittelt und analysiert (<u>Abb. 6.14</u>). Die bereits bei Versuchen mit

PPS-Funktlons-paare (jeweilige Zahlenschlüssel)		Gruppierungskriterien						
		EB	AB	VÄ	OÄ	ID	IV	RR
	Wirkrichtung	min	min	max	max	min	max	min
	Gewichtung	0,5	0,5	1	1	2	2	4
	Typ	V	V	V	V	V	V	II
	Parameter q	-0,8	-7	0,2	0,2	-0,5	0,06	-0,5
	Parameter p	-7,1	-73	1	1	-3	0,33	
22 / 41		21,7	44,0	0,8	0,58	0	0,07	0,5
22 / 42		20,9	34,5	0,45	0	1	0,00	0,5
22 / 43		23,5	44,0	0,37	0,27	0	0,08	1
22 / 44		20,4	44,0	0	0	0	0,10	0,5
22 / 45		20,4	37,5	0,45	0	1	0,00	0,5
22 / 51		19,6	40,5	0,45	0,6	0	0,10	1
22 / 52		24,5	62,5	0,52	0,71	1	0,00	0,5
22 / 53		18,5	28,0	0,89	0,89	0	0,09	1
41 / 42		22,0	53,5	0	0	0	0,14	0
41 / 43		24,6	63,0	0,55	0,62	0	0,10	0,5
41 / 44		21,5	63,0	0,26	0,29	1	0,00	0
41 / 45		21,5	56,5	0	0	U	0,00	0
41 / 51		20,7	59,5	0	0,78	1	0,00	0,5
41 / 52		25,6	81,5	0,52	0,61	0	0,08	0
41 / 53		19,6	47,0	0,89	0,52	0	0,11	1
42 / 43		23,8	53,5	0	0,53	3	0,00	0,5
42 / 44		20,7	53,5	0	0	2	0,00	0
42 / 45		20,7	47,0	1	1	U	0,00	0
42 / 51		19,9	50,0	1	0	2	0,00	0,5
42 / 52		24,8	72,0	0	0	2	0,00	0
42 / 53		18,8	37,5	0	0,45	1	0,00	1
43 / 44		23,3	63,0	0,71	0	1	0,00	0,5
43 / 45		23,3	56,5	0	0,53	U	0,00	0,5
43 / 51		22,5	59,5	0	0,4	1	0,00	0
43 / 52		27,4	81,5	0,24	0,19	0	0,22	0
43 / 53		21,4	47,0	0,41	0,48	0	0,14	1
44 / 45		20,2	56,5	0	0	0	0,33	0
44 / 51		19,4	59,5	0	0,6	1	0,00	0,5
44 / 52		24,3	81,5	0	0,71	2	0,00	0
44 / 53		18,3	47,0	0	0	0	0,20	0,5
45 / 51		19,4	53,0	1	0	2	0,00	0,5
45 / 52		24,3	75,0	0	0	U	0,00	0
45 / 53		18,3	40,5	0	0,45	2	0,00	0,5
51 / 52		23,5	78,0	0	0,85	0	0,11	0,5
51 / 53		17,5	43,5	0	0,54	2	0,00	1
52 / 53		22,4	65,5	0,58	0,63	1	0,00	0,5

U : = unendlich

Abb. 6.13: Matrix der Erfüllungsgrade für den Gruppierungsschritt des Fallbeispiels

Testdaten festgestellte hohe Korrelation zwischen den beiden Gruppierungskriterien 'EDV-Belastung' und 'Anwender-Belastung' bestätigte sich auch in diesem konkreten Anwendungsfall. Die vorgeschlagenen Gewichtungen beider Kriterien berücksichtigen diese Korrelation, deshalb werden sie beibehalten.

Die Ergebnisse der PROMETHEE-II-Rangreihe stellt Abb. 6.15 dar.

		C 1	C 2	C 3	C 4	C 5	C 6	C 7
C 1	EB	1.000						
C 2	AB	0.772	1.000					
C 3	VÄ	-0.088	-0.250	1.000				
C 4	OÄ	0.034	0.052	0.179	1.000			
C 5	ID	0.122	0.097	-0.058	0.017	1.000		
C 6	IV	0.040	0.031	-0.061	-0.130	-0.237	1.000	
C 7	RR	-0.474	-0.623	0.278	0.294	-0.303	0.007	1.000

Die Abkürzungen der Kriterien können Abb 6.1 entnommen werden.

Abb. 6.14: Korrelationsmatrix der Gruppierungskriterien im Fallbeispiel

```
P R O M E T H E E   II   C O M P L E T E    R A N K I N G
```

PPS-Funktionspaare	Phi	PPS-Funktionspaare	Phi
1. A 27:44-45	(0.239)	19. A 31:45-51	(-0.006)
2. A 25:43-52	(0.138)	20. A 5:22-45	(-0.007)
3. A 14:41-52	(0.126)	21. A 2:22-42	(-0.008)
4. A 1:22-41	(0.118)	22. A 19:42-51	(-0.008)
5. A 9:41-42	(0.110)	23. A 29:44-52	(-0.009)
6. A 30:44-53	(0.095)	24. A 6:22-51	(-0.010)
7. A 10:41-43	(0.085)	25. A 22:43-44	(-0.012)
8. A 34:51-52	(0.064)	26. A 26:43-53	(-0.013)
9. A 8:22-53	(0.063)	27. A 17:42-44	(-0.025)
10. A 11:41-44	(0.054)	28. A 33:45-53	(-0.043)
11. A 24:43-51	(0.043)	29. A 20:42-52	(-0.059)
12. A 4:22-44	(0.030)	30. A 3:22-43	(-0.074)
13. A 15:41-53	(0.027)	31. A 21:42-53	(-0.120)
14. A 36:52-53	(0.027)	32. A 16:42-43	(-0.134)
15. A 7:22-52	(0.016)	33. A 35:51-53	(-0.158)
16. A 18:42-45	(0.008)	34. A 12:41-45	(-0.165)
17. A 13:41-51	(0.006)	35. A 32:45-52	(-0.192)
18. A 28:44-51	(0.001)	36. A 23:43-45	(-0.208)

Die Zahlencodierungen der PPS-Funktionen eines PPS-Funktionspaars können Abb. 6.3 entnommen werden

Abb. 6.15: PROMETHEE-II-Rangreihe des Gruppierungsschrittes

Die weitere Vorgehensweise zur Verarbeitung der PROMETHEE-II-Rangreihe unterscheidet sich, wie in Kapitel 4.3 dargestellt, deutlich von der

Vorgehensweise beim Abspaltungsschritt. Sie soll zum besseren Verständnis nachfolgend am Beispiel verdeutlicht werden:

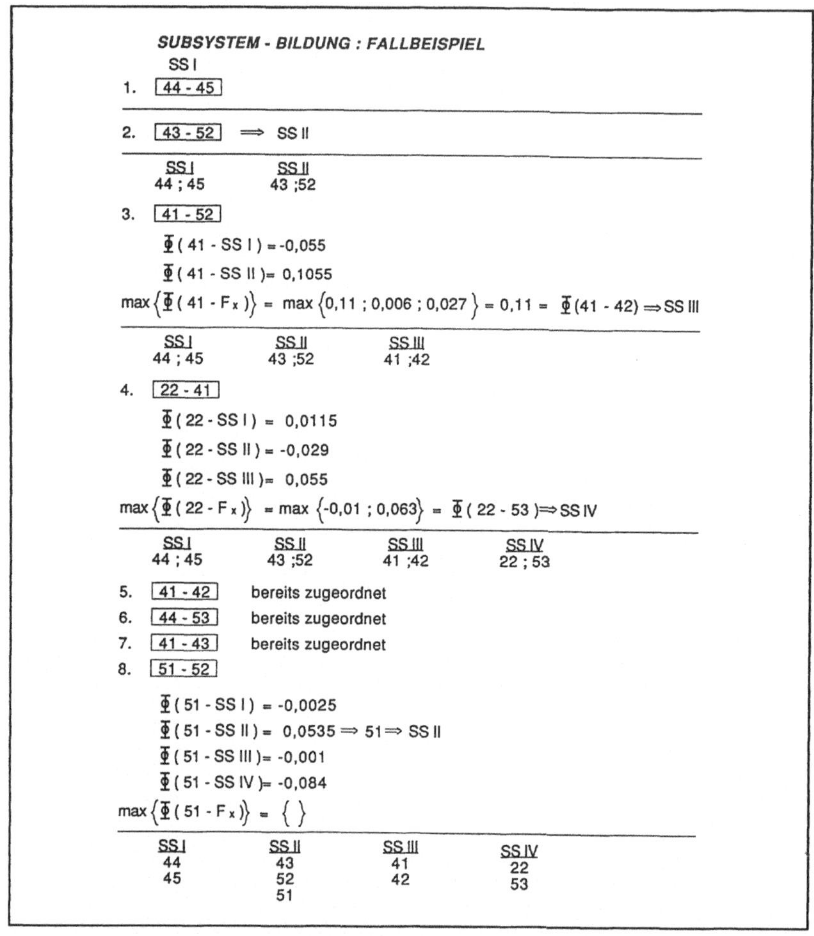

Abb. 6.16: Durchführung der Subsystembildung des Fallbeispiels

Das PPS-Funktionspaar $FP_{44,45}$[1] führt die Rangreihe an. Es wird einem

---

[1] Die Zahlenindices stellen die Zahlencodierung der einzelnen PPS-Funktionen dar, wie sie bereits in einigen Darstellungen verwendet worden sind.

Subsystem 'SS I' zugewiesen. Die beiden Funktionen "43" und "52" des zweiten PPS-Funktionspaars der Rangreihe $FP_{43;52}$ sind in 'SS I' nicht enthalten, sie werden einem neuen Subsystem 'SS II' zugewiesen (vgl. Abb. 6.16). Das dritte PPS-Funktionspaar $FP_{41;52}$ trifft nun auf zwei Subsysteme. PPS-Funktion "52" ist bereits in 'SS II' enthalten, PPS-Funktion "41" ist jedoch noch nicht zugeordnet. Es werden nun, entsprechend der Ausführungen in Kapitel 4.3, die 'Bindungsstärken' errechnet (siehe Abb. 6.16). Die maximale 'Bindungsstärke' tritt bei der Gruppierung von PPS-Funktion "41" mit PPS-Funktion "42" auf. Dieses PPS-Funktionspaar wird einem neuen Subsystem zugewiesen. Auf diese Weise wird fortgefahren, bis sämtliche zu gruppierende PPS-Funktionen einem Subsystem zugewiesen worden sind. Die so gebildeten Subsysteme können bei Bedarf noch weiter zusammengefaßt werden. Im vorliegenden Einsatzfall wurden die vier Subsysteme, die sich ergaben, beibehalten.

Das Ergebnis des Verfahrens zur anwenderorientierten Dezentralisierung von PPS-Systemen hat bei dem Unternehmen des Fallbeispiels zu der folgenden segmentiven Dezentralisierung des PPS-Systems geführt:

Zentralsystem:
- Kundenauftragseinplanung,
- Auftragsterminierung,
- Kapazitätsdeckungsrechnung,
- Bedarfsermittlung,
- Bestellmengenrechnung,
- Bestellauslösung,
- Durchlaufterminierung,
- Reihenfolgeplanung

Subsystem I:
- Bestellauftragsfreigabe,
- Bestellschreibung,

Z.B.: "44" steht für 'Bestellauftragsfreigabe',
"45" steht für 'Bestellschreibung'.
Die Zahlencodierung kann aus Abb. 6.3 abgelesen werden.

Subsystem II:	- Arbeitsverteilung,
	- Fertigungsfortschrittserfassung,
	- Mengen-, Termin- und Qualitätsüberwachung der Eigenfertigung,
Subsystem III:	- Fertigungsauftragsfreigabe,
	- Fertigungsbelegerstellung,
Subsystem IV:	- Bestandsführung,
	- Wareneingangserfassung.

Für das Zentralsystem und die unterschiedlichen Subsysteme wurden verschiedene Rechnerkonfigurationen vorgesehen. Die Subsysteme sollen auf vernetzten Personal Computern des Industriestandards realisiert werden, das Zentralsystem auf einer Unix-Workstation. Die geringe Größe des Unternehmens macht es nicht erforderlich, bestimmte Subsysteme mehrfach zu installieren.

7. Zusammenfassung und Ausblick

Im Rahmen der vorliegenden Arbeit wurde ein Verfahren zur anwenderorientierten Dezentralisierung von PPS-Systemen entwickelt und erprobt.

Hierzu wurden zunächst bisherige Forschungsarbeiten auf dem Gebiet der Dezentralisierung von EDV-Systemen bzw. PPS-Systemen zusammengestellt und analysiert. Es zeigte sich, daß im Bereich der PPS nur wenige Arbeiten existieren, die sich mit Dezentralisierungskonzepten von PPS-Systemen auseinandersetzen. Diese wenigen Arbeiten konzentrieren sich meist auf den Aspekt der Datenkommunikation. Sie bemühen sich, den Datenbestand eines PPS-Systems so zu strukturieren und auf Subsysteme und Zentralsystem zu verteilen, daß der Kommunikationsaufwand zwischen den Subsystemen und dem Zentralsystem minimiert wird.

Diese Verfahren lassen entweder die funktionale Verteilung der PPS außer acht, beziehungsweise gehen davon aus, daß eine solche funktionale Verteilung der Produktionsplanung und -steuerung anderweitig entwickelt wurde, oder sie determinieren indirekt über die Verteilung der Datenbestände eine Verteilung der PPS-Funktionen auf Subsysteme. Allen diesen Betrachtungsweisen ist gemeinsam, daß sie sich bei der Bildung von Subsystemen an den Belangen der EDV und nicht an den Belangen der Anwender orientieren. Da bei zentralen PPS-Systemen aufgrund mangelnder Transparenz und Flexibilität erhebliche Probleme hinsichtlich der Akzeptanz bei den Anwendern bestehen, ist gerade eine anwenderorientierte Betrachtungsweise bei der Dezentralisierung von PPS-Systemen notwendig.

Ausgehend vom bisherigen Stand der Forschung wurde deshalb ein Verfahren konzipiert, das die mangelnde Anwenderorientierung bei der Konzipierung dezentraler PPS-Systeme vermeiden soll und als Grundlage für Verfahren zur Minimierung der Datenkommunikation zwischen den einzelnen Elementen eines dezentralen PPS-Systems dienen kann. Das entwickelte Verfahren zur anwenderorientierten Dezentralisierung von PPS-Systemen setzt sich aus zwei Schritten zusammen. In einem ersten Schritt werden aus einem hypothetischen, zentralen PPS-System die zur Dezentralisierung geeigneten PPS-

Funktionen abgespalten, in einem zweiten Schritt werden die abgespaltenen PPS-Funktionen zu Subsystemen zusammengefaßt.

Die Abspaltungseignung der einzelnen PPS-Funktionen wird mit Hilfe von sieben, im Rahmen der Arbeit dargestellten 'Abspaltungskriterien' bewertet. Hierzu werden die Erfüllungsgrade der Abspaltungskriterien für alle zu betrachtenden PPS-Funktionen erfaßt und die PPS-Funktionen mittels eines modernen Rangreihenverfahrens des Operations Research in eine Rangreihe ihrer Abspaltungseignung gebracht.

Sieben weitere, ebenfalls im Rahmen der Arbeit vorgestellte 'Gruppierungskriterien' dienen zur Beurteilung der Gruppierungseignung jeweils zweier PPS-Funktionen und führen in Verbindung mit demselben Rangreihenverfahren zur Entwicklung von Subsystemen.

Das entwickelte Verfahren zur anwenderorientierten Dezentralisierung von PPS-Systemen zeichnet sich dadurch aus, daß es eine Effizienzsteigerung der PPS durch die Dezentralisierung des PPS-Systems anstrebt. Hierzu orientiert es sich an den Belangen der Auftragsabwicklung und zielt auf eine weitgehende Dezentralisierung dispositiver Kompetenzen ab. Das Verfahren bereitet die einzelnen Dezentralisierungsschritte vor, den Experten des anwendenden Unternehmens wird jedoch an wichtigen Entscheidungsstellen nicht die Handlungsfreiheit beschnitten.

Die unternehmensneutrale Bewertung einer Reihe von Eigenschaften von PPS-Funktionen auf der Basis einer Expertenbefragung reduziert einerseits den Aufwand bei der unternehmensspezifischen Erfassung der Eingangsdaten für das Verfahren und garantiert andererseits eine objektive Betrachtung wichtiger, durch viele betriebliche Experten nur unzuverlässig bewertbarer Sachverhalte.

Die Beschränkung der Dezentralisierungskriterien auf sieben Abspaltungs- und sieben Gruppierungskriterien sowie die Auswahl der PROMETHEE-Methode als Hilfsmittel zur Verarbeitung der Kriterien sichern die Transparenz des entwickelten Verfahrens ohne anfällig gegen gezielte Manipulationsversuche zu sein.

Das entwickelte Verfahren baut auf 22 inhaltlich definierten PPS-Funktionen auf. Bei der Anwendung des Verfahrens in einem Unternehmen müssen nicht sämtliche PPS-Funktionen verwendet werden. Es können auch einzelne PPS-Funktionen entfallen, wenn sie in einem konkreten Fall nicht realisiert werden sollen. Grundsätzlich ist das entwickelte Verfahren zur anwenderorientierten Dezentralisierung von PPS-Systemen auch bei anders definierten PPS-Funktionen einsetzbar. In diesem Falle müssen jedoch die unternehmensneutral festgelegten Eigenschaften der PPS-Funktionen kritisch überprüft und ggf. unternehmensspezifisch erfaßt werden. Zwar steigt in diesem Falle der Aufwand für die Durchführung des Verfahrens beträchtlich, doch zeigt sich hierin seine Ausbaufähigkeit.

Der Aufwand für die Durchführung des entwickelten Verfahrens steigt noch weiter an, falls das Verfahren nicht für die funktionale Verteilung eines PPS-Systems sondern für die Dezentralisierung eines anderweitigen EDV-Systems angewandt werden soll. Dies ist grundsätzlich möglich, doch entfällt in diesem Falle nicht nur die Möglichkeit auf unternehmensneutral erfaßte Eigenschaften der einzelnen EDV-Funktionen zurückzugreifen, sondern darüber hinaus sind die entwickelten Abspaltungs- und Gruppierungskriterien, also wesentliche Elemente des Verfahrens, in Frage zu stellen.

Bestehen bleibt in diesem Falle die Methodik der Vorgehensweise, die generell dazu geeignet ist, innerhalb eines bestimmten Unternehmensbereiches auf funktionaler Ebene Geschäftsprozesse herauszuarbeiten.

Abschließend wurde die Anwendbarkeit des entwickelten Verfahrens auf Basis der 22 inhaltlich definierten PPS-Funktionen in einem Unternehmen nachgewiesen.

Der gegenwärtige Stand der Entwicklungen auf dem Gebiet der PPS macht es schwierig, ein erarbeitetes Dezentralisierungskonzept für ein PPS-System umzusetzen. Gegenwärtig existieren kaum einzelne PPS-Funktions-Module, die es aufgrund genormter Schnittstellen ermöglichen, ein individuelles PPS-System zu generieren. Ein Anwender ist aus diesem Grunde gegenwärtig noch gezwungen, ein solches Dezentralisierungskonzept weitestgehend durch individuelle Programmierung in ein dezentrales PPS-System umzusetzen.

Die Verfügbarkeit und zunehmende Leistungssteigerung verteilter relationaler Datenbanksysteme sowie die noch immer rapide zunehmende Leistungsfähigkeit der Hardware, verbunden mit der vereinfachten Portabilität von Software dank moderner Betriebssysteme, fördern die hardwareseitigen Realisierungsmöglichkeiten eines dezentralen PPS-Systems beträchtlich. Es ist damit zu rechnen, daß die Software-Entwicklungen die Möglichkeiten der Hardware in kurzer Zeit ausnutzen werden. Die Verfügbarkeit von PPS-Funktions-Modulen mit genormten Schnittstellen ist deshalb in wenigen Jahren zu erwarten. Das entwickelte Verfahren könnte auch zur Gestaltung solcher PPS-Funktions-Module eingesetzt werden, indem mittels zahlreicher Betriebsuntersuchungen typische Subsysteme herausgearbeitet werden, die sodann als eigenständige Module realisiert werden können.

8.   Literatur

Acker, H.:

Die organisatorische Stellengliederung im Betrieb
Wiesbaden: 1956

Auch, M.:

Planen heißt Alternativen auswählen
In: Technische Rundschau
81(1989)36, S. 22-26

Augustin, S.;
Friedrich, A.M.;
Henkelmann, B.;
Pickert, K.:

Datenströme und Datenbestände im Werksbereich,
Teil 1: Modell zur Teilsystembildung
Arbeitspapier der Siemens AG: 1980

AWF (Hrsg.):

AWF-Empfehlung: Integrierter EDV-Einsatz in der
Produktion - CIM - Computer Integrated Manufactu-
ring (Begriffe, Definitionen, Funktionszuordnungen).
Eschborn: 1985

Bessai, B.:

Objekte der Dezentralisierung
In: Handbuch der modernen Datenverarbeitung
22(1985)121, S. 9-20

Bleicher, K.:

Zentralisation und Dezentralisation
In: Handwörterbuch der Organisation, 2. Auflage
Hrsg.: E. Grochla,
Stuttgart: 1980, Sp. 2405-2418

Borda, J.C.: Memoire sur les elections er scrutins,
Memoire de l'Academie Royale des Sciences,
Paris: 1781, S. 657-665

Bortz, S.: Statistik für Sozialwissenschaftler, 3. Auflage
Berlin, New York: 1989

Brans, J.P.: The PROMETHEE Methods for MCDM,
the PROMCALC, GAIA and BANKADVISER Software
Vrije Universiteit Brussel,
Arbeitspapier ohne Jahresangabe

Brans, J.P.;
Mareschal, B.;
Vincke, P.: PROMETHEE: A New Family of Outranking Methods in Multictiteria Analysis
In: Operational Research,
(1984), S. 477-490

Brans, J.P.;
Vincke, P.: A Preference Ranking Organisation Method
In: Management in Science
31(1985)6, S. 647-656

Brans, J.P.;
Vincke, P.;
Mareschal, B.: How to Select an How to Rank Projects:
The PROMETHEE Method
In: EJOR
24(1986), S. 228-238

Buchanan, J.;
Linowes, R.: Understanding distributed data processing
In: Harvard Business Review
(1980 a)7-8, S. 143-153

Buchanan, J.;
Linowes, R.:
Making distributed data processing work
In: Harvard Business Review
(1980 b)9-10, S. 143-161

Burgard, E.;
Nissing, T.:
Dezentrale Produktionsplanung und -steuerung
In: CIM-Management
(1987)1, S. 26-34
(Forschungsinstitut für Rationalisierung - FIR -
Aachen)

Condorcet, M.J.A.
(Marquis de):
Essai sur L'application de L'analyse à la propabilité
des decisions rendues à la pluralité des voix
Paris: 1785

Dangelmaier, W.;
Kühnle, H.:
PPS im Wandel
In: CIM-Praxis
(1990)2, S. 46-50

Doumeingts, G.:
How to decentralize decisions through GRAI model
in production management
In: Computers in Industry
6(1985), S. 501-514

Eidenmüller, B.:
Die Prokuktion als Wettbewerbsfaktor: Herausforde-
rung an das Produktionsmanagement
Zürich, Köln: 1989

Enslow, P. H.:

What does "Distributed Processing" mean?
In: Distributed Systems
Hrsg.: Infotech International Ltd.
Infotech State of the Art Report
Maidenhead: 1976, S. 257-272

Esser, U.;
Kemmner, A.:

Arbeitssysteme für die erfolgreiche CIM-Einführung
In: CIM-Management
4(1988)1, S. 34-40
(Forschungsinstitut für Rationalisierung - FIR -
Aachen)

Eversheim, W.:

Organisation in der Produktionstechnik
Bd. 1: Grundlagen, 2. Auflage
Düsseldorf: 1990

Eversheim, W.;
Schmitz-Mertens,
H.-J.;
Wiegershaus, U.:

Organisatorische Integration flexibler Fertigungssysteme in konventionelle Werkstattstrukturen
In: VDI-Z
131(1989)8, S. 74-78

Fahrmeir, L. ;
Hamerle, A.:

Multivariate statistische Verfahren
Berlin, New York: 1984

Förster, U.; Esser, U.; Kemmner, A.:	Veränderung von Aufgabenstrukturen, Arbeitsinhalten und Qualifikationsanforderungen unter dem Einfluß einer Rechnerintegrierten Produktion Abschußbericht an die Deutsche Forschungsgemeinschaft Aachen: 1989 (Forschungsinstitut für Rationalisierung - FIR - Aachen)
Frese, E.:	Aufgabenanalyse und -synthese In: Handwörterbuch der Organisation, 2. Auflage Hrsg.: E. Grochla, Stuttgart: 1980, Sp. 207-217
Gabler:	Gabler Wirtschaftslexikon 12. Auflage Wiesbaden: 1988
Gagsch, S.:	Subsystembildung In: Handwörterbuch der Organisation, 2. Auflage Hrsg.: E. Grochla, Stuttgart: 1980, Sp. 2156-2171
Goldratt, E. M.; Cox, J.:	The Goal. Excellence in Manufacturing New York u.a.: 1984
Grochla, E.:	Integrierte Gesamtmodelle der Datenverarbeitung - Entwicklung und Anwendung des Kölner Intergrations-modells (KIM) Reihe Betriebsinformatik München: 1974

- 166 -

Grossenbacher, J.-M.:

Verteilung der EDV
Zürich: 1985

Habich, M.:

Koordination autonomer Fertigungsinseln durch ein
adaptiertes PPS-Konzept
In: ZwF - Zeitschrift für wirtschaftliche Fertigung
84(1989)2, S. 74-77

Hackstein, R.:

Einführung in die technische Ablauforganisation
2., überarbeitete Auflage
München, Wien: 1988
(Forschungsinstitut für Rationalisierung - FIR -
Aachen und Institut für Arbeitswissenschaft - IAW -
Aachen)

Hackstein, R.:

Produktionsplanung und -steuerung (PPS)
2., überarbeitete Auflage
Düsseldorf: 1989
(Forschungsinstitut für Rationalisierung - FIR -
Aachen und Institut für Arbeitswissenschaft - IAW -
Aachen)

Hackstein, R.:

Arbeitswissenschaft II und Betriebsorganisation II
Hrsg.: Lehrstuhl und Institut für Arbeitswissenschaft
der RWTH Aachen
2. Auflage im Eigenverlag.
Aachen: 1990
(Forschungsinstitut für Rationalisierung - FIR -
Aachen und Institut für Arbeitswissenschaft - IAW -
Aachen)

Hansen, R.:

Zentrale und Dezentrale Datenverarbeitung in der
Automobilzulieferindustrie
In: ZwF - Zeitschrift für wirtschaftliche Fertigung,
78(1983)1, S. 37-41

Heinrich, L. J.;
Roithmayr, F.:

Die Bestimmung des optimalen Distribuierungsgrades
von Informationssystemen - Entscheidungsmodell und
Fallstudie
In: Handbuch der modernen Datenverarbeitung
(1985)121, S. 29-45

Heinrich, L.J.;
Lamprecht, M.:

Fallstudie Zentralisierung/Dezentralisierung
In: Information Management
1(1986), S. 16-20

Höfer, H.:

Theory and praxis of decentralized production management systems - a philosophy rather than methods
In: Computers in Industrie
6(1985), S. 515-527

Hübner, H.:

On the concept of decentralization / centralization
and its consequences for the design of production
management systems
In: Computers in Industry
6(1985), S. 495-500

Jaeger, A.:

Multikriteria-Analyse im Bankenbereich:
Von PROMETHEE zu Bankadviser
In: Die Bank
6(1988), S. 324-328

Jorysz, H.R.;
Vernadat, F.B.:

CIM-OSA Part 1: total enterprise modelling and function view
In: Computer Integrated Manufacturing
(1990)3, S. 144-156

Kemmner, A.;
Treuling, W.:

Die Notwendigkeit der ganzheitlichen Betrachtung
In: CIM-Management
3(1989 a)5, S. 38-43
(Forschungsinstitut für Rationalisierung - FIR - Aachen)

Kemmner, A.;
Treuling, W.:

EDV-Integration und Synergie
In: CAD-CAM-Report
3(1989 b)8, S. 44-55
(Forschungsinstitut für Rationalisierung - FIR - Aachen)

Kern, S.;
Ruffing, T.;
Scheer, A.-W.:

Planungs- und Steuerungssysteme für Fertigungsinseln
In: ZwF - Zeitschrift für wirtschaftliche Fertigung,
84(1989)12, S. 696-701

Kittel, T.:

Wirksamkeit von PPS-Systemen anhand von Kennzahlen
In: PPS-Fachmann
Hrsg.: RKW, TÜV Rheinland
Eschborn, Köln: 1987, Kapitel S.1.6.4
(Forschungsinstitut für Rationalisierung - FIR - Aachen)

- 169 -

Klösgen, W.:   Einsatz von Gruppierungsverfahren für Organisationsuntersuchungen - Cluster-Analyse und alternative Verfahren
In: Fallstudien Cluster-Analyse
Hrsg.: Späth, H.
Wien: 1977, S. 93-112

Köhl, E.:   Entwicklung und Erprobung eines Instrumentariums zur Gestaltung der Datenintegration bei CIM
fir + iaw: Forschung für die Praxis, Nr. 29
Berlin, Heidelberg: 1990
(Forschungsinstitut für Rationalisierung - FIR - Aachen)

Köhl, E.;
Esser, U.;
Kemmner, A.;
Förster, U.:   CIM zwischen Anspruch und Wirklichkeit: Erfahrungen, Trends, Perspektiven
Eschborn, Köln: 1989
(Forschungsinstitut für Rationalisierung - FIR - Aachen)

Kretzschmar M.;
Mertens, P.:   Verfahren zur Vorbereitung der Zentralisierungs-Dezentralisierungsentscheidung in der betrieblichen Datenverarbeitung
In: Informatik Spektrum
(1982)5, S. 237-251

Kroneberg, M.:   Kurzfristige Fertigungssteuerung für teilautonome Fertigungsbereiche: Konzepte, Software-Tools, Beispiele
In: Kommtech 87
(1987)5, Paper-Nr. 13.3, S. 1-20

Kroneberg, M.:   Dezentrale, verteilte Systeme der Fertigungssteuerung
In: Kommtech 88
(1988)6, Paper-Nr. 15.1, S. 1-27

Kurbel, K.:   Interaktive Planung und Steuerung im Produktions-
bereich
In: Information und Wirtschaftlichkeit
Wissenschaftliche Tagung des Verbandes der Hoch-
schullehrer für Betriebswirschaft e.V. an der Univer-
sität Hannover
Hrsg.: Berger, K.-H.
Wiesbaden: 1985, S. 501-524

Lochstampfer, P.:   Funktionale Organisation
In: Handwörterbuch der Organisation, 2. Auflage
Hrsg.: E. Grochla
Stuttgart: 1980, Sp. 756-766

Luhmann, N.:   Komplexität
In: Handwörterbuch der Organisation, 2. Auflage
Hrsg.: E. Grochla
Stuttgart: 1980, Sp. 1064-1070

Mareschal, B.:   Aide al la decision multicritere: developements re-
cents des methodes PROMETHEE
In: Cahiers du C.E.R.O.
29(1987)3-4, S. 175-214

Mareschal, B.:

Weight Stavility Intervals in Multicriteria Decision
Aid
In: EJOR
33(1988), S. 54-64

Martiny, L.:

Die Anwenderunterstützung in der Datenverarbeitung
der Schering AG
In: Handbuch moderner Datenverarbeitung
22(1985)121, S. 81-87

Mertens, P.;
Weigand, L.:

Vorteile abgestufter dezentralisierter EDV-Konzepte
in einem Großbetrieb
In: Online
(1981)10, S. 744-760

Meyer-Piening, A.:

Informationstechnologie: Was macht Unternehmen
erfolgreich?
In: Information Management
(1987)2, S. 17-26

Nissing, T.:

Beitrag zur Entwicklung eines dezentralen Produkti-
ons-planungs- und -steuerungssystems auf der Basis
verteilter Datenbestände
Hrsg.: R. Hackstein
Dissertation RWTH Aachen 1982
(Forschungsinstitut für Rationalisierung - FIR -
Aachen)

Picot, A.: Kommunikationstechnik und Dezentralisierung
In: Information und Wirtschaftlichkeit
Wissenschaftliche Tagung des Verbandes der Hoch-
schullehrer für Betriebswirschaft e.V. an der Univer-
sität Hannover
Hrsg.: Berger, K.-H.
Wiesbaden: 1985, S. 377-402

Ramamoorthy, C.V.; The Design Issues in Distributed Computer Systems
Krishnarao, T.: In: Distributed Systems
Hrsg.: Infotech International Ltd.
Infotech State of the Art Report
Maidenhead 1976, S. 375-399

REFA-Verband für Planung und Gestaltung komplexer Produktionssy-
Arbeitsstudien und steme
Betriebsorganisation München: 1987
e.V.:

REFA-Verband für Methodenlehre der Planung und Steuerung, Teil 1
Arbeitsstudien und München 1985
Betriebsorganisation
e.V.:

Rockart, J. F.; Centralization versus Decentralization of Information
Bullen, C. V.; Systems
Leventer, J. S.: Massachusetts Institute of Technology: Working Paper
Boston: 1977, S. 1-53

Roy, B.:
Selektieren, Sortieren und Ordnen mit Hilfe von Prävalenzrelationen: Neue Ansätze auf dem Gebiet der Entscheidungshilfe für Multikriteria-Probleme
In: ZfbF - Zeitschrift für betriebswirtschaftliche Forschung
32(1980)6, S. 465-497

Roy, B.;
Bertier, P.:
La methode ELECTREE II - Une application au médiaplaning
In: Operational Research,
(1973), S. 291-302

Roy, B.;
Vincke, P.;
Brans, J.P.:
Aide à la Décision Multicritère
In: Revue belge de statistique, d'informatique et de recherche opérationelle
15(1975)4, S. 23-53

Scheer, A. W.:
Neue Konzepte durch organisatorische Dezentralisierung; Dezentrale Produktionsplanung und -steuerung
In: Computer Magazin
17(1988 b)4, S. 43-45

Scheer, A.-W.:
Entwurf eines Unternehmensdatenmodells
In: Information Management
(1988 a)1, S. 14-23

Scheer, A.-W.:
Organisatorische Entscheidungen bei der CIM-Implementierung
In: CIM-Management
(1986)2, S. 14-20

Scheer, A.-W.;
Herterich, R.;
Zell, M.:

Interaktive Fertigungssteuerung teilautonomer Bereiche
In: Interaktive betriebswirtschaftliche Informations-
und Steuerungssysteme
Hrsg.: Kurbel, K.; Mertens, P.; Scheer, A.-W.
Berlin: 1989

Schneeweiß, C.:

Kostenwirksamkeitsanalyse, Nutzwertanalyse und
Multi-Attributive Nutzentheorie
WiSt - Wirtschaftswissenschaftliches Studium
1(1990), S. 13-18

Schomburg, E.:

Entwicklung eines betriebstypologischen In-
strumentariums zur systematischen Ermittlung der
Anforderungen an EDV-gestützte PPS im Maschinen-
bau
Hrsg.: R. Hackstein
Dissertation RWTH Aachen 1980
(Forschungsinstitut für Rationalisierung - FIR -
Aachen)

Slonim, J.;
Schmidt, D.;
Fisher, P.:

Consideration for determining the degrees of centralization or decentralization in the computing envi-
ronment
In: Information & Management
(1979)2, S. 15-29

Speith, G.:   Vorgehensweise zur Beurteilung und Auswahl von
Produktionsplanungs- und -steuerungssystemen für
Betriebe des Maschinenbaus
Hrsg.: R. Hackstein,
Dissertation RWTH Aachen: 1982
(Forschungsinstitut für Rationalisierung - FIR -
Aachen)

Striening, H.-D.:   Prozeß-Management
Frankfurt a.M.; Bern; New York; Paris: Lang
(Europäische Hochschulschriften: Reihe 55, Volks-
und Betriebswirschaft, Bd. 922
zugl.: Kaiserslautern, Univ., Dissertation) 1988

Wiendahl, H.-P.:   Betriebsorganisation für Ingenieure
Müchen, Wien: 1983

Wildemann, H.:   Entscheidungskriterien für eine Dialogisierung von
PPS-Funktionen
In: PPS-Fachmann Bd. 5
Hrsg.: RKW, TÜV Rheinland
Eschborn, Köln: 1987, Kapitel S.1.6.3

Wöhe, G.:   Einführung in die Allgemeine Betriebswirtschafts-
lehre
15. Auflage
München: 1984

Zeleny, M.:   Multiple Criteria Decision Making
New York: 1982

9. Anhang

IV. Unternehmensspezifische Merkmale der PPS-Funktionen des Fallbeispiels, Erfüllungsgrade von Gruppierungskriterien, Parameterfestlegungen von Präferenzfunktionen

V. Fragebogen

PPS-Funktionen	Detaillierungsgrad bzgl.			DG
	Personal	Material	Betriebsmittel	
Prognoserechnung	1	1,5	1,5	1,33
Kundenauftragseinplanung	0	1,5	2	1,17
Auftragsterminierung	0	3	3	2,00
Kapazitätsdeckungsrechnung	2	0	3	1,67
Materialdeckungsrechnung	0	3,5	0	1,17
Bedarfsermittlung	0	4	0	1,33
Bestandsführung	0	4	0	1,33
Bestellmengenrechnung	0	4	0	1,33
Bestellauslösung	0	4	0	1,33
Durchlaufterminierung	3	4	3	3,33
Kapazitätsbedarfsermittlung	3	0	3	2,00
Kapazitätsabstimmung	3	0	3	2,00
Reihenfolgeplanung	3	4	3	3,33
Fertigungsauftragsfreigabe	4	4	3,5	3,83
Fertigungsbelegerstellung	3	4	3	3,33
Arbeitsverteilung	4	4	4	4,00
Bestellauftragsfreigabe	0	4	0	1,33
Bestellschreibung	0	4	0	1,33
Fertigungsfortschrittserfassung	4	4	3,5	3,83
MTQ-überwg. Eigenfertigung	3,5	4	3,5	3,67
Wareneingangserfassung	0	4	0	1,33
MTQ-überwg. Bestellteile	0	4	0	1,33

Abb. 9.1: Detaillierungsgrad

Ebenen der Entscheidungsbefugnis / PPS - Funktionen	Unternehmens-ebene			Ausführungs-ebene	
(Bereichsebene)	3	2,5	2	1,5	1
Produktionsprogrammplanung					
Prognoserechnung	●				
Kundenauftragseinplanung	●				
Auftragsterminierung	●				
Kapazitätsdeckungsrechnung	●				
Materialdeckungsrechnung	●				
Mengenplanung					
Bedarfsermittlung	●				
Bestandsführung					●
Bestellmengenrechnung	●				
Bestellauslösung		●			
Termin- und Kapazitätsplg.					
Durchlaufterminierung		●			
Kapazitätsbedarfsermittlung			●		
Kapazitätsabstimmung			●		
Reihenfolgeplanung			●		
Auftragsveranlassung					
Fertigungsauftragsfreigabe			●		
Fertigungsbelegerstellung					●
Arbeitsverteilung			●		
Bestellauftragsfreigabe		●			
Bestellschreibung					●
Auftragsüberwachung					
Fertigungsfortschrittserfassung				●	
M.-, T.-, Q.-überwg. Eigenfertigung				●	
Wareneingangserfassung					●
M.-, T.-, Q.-überwg. Bestellteile					●

Abb. 9.2: Dispositionsspielraum

| | | Dialogmerkmale | | | | | | | | |
PPS-Funktionen	Aktualität der Daten	Direkter Zugriff auf mehrere Informationsquellen	Iterative Abwandlung einer zulässigen Ausgangslösung	Interaktiver Verfahrensablauf und Eingabe subjektiver Daten	Zulässige Erledigungszeit	Direkte Rückkopplungsinformationen	Durchrechnung von Entscheidungsalternativen	Umfang des Datenvolumens dialogfähig	Summe	DB (Erfüllungsgrade in %)
Prognoserechnung	0	0	1	1	0	0	1	0	3	38
Kundenauftragseinplanung	1	1	0	0	1	0	1	1	5	63
Auftragsterminierung	1	0	0	0	0	1	0	1	3	38
Kapazitätsdeckungsrechnung	0	1	0	0	0	0	0	0	1	13
Materialdeckungsrechnung	0	1	0	0	0	0	0	0	1	13
Bedarfsermittlung	0	1	0	1	0	0	1	0,5	3,5	44
Bestandsführung	1	0	0	0	0	0	0	1	2	25
Bestellmengenrechnung	0	0	0	0	0	0	0	0	0	0
Bestellauslösung	0,5	0	0	0	0	0	0	0	0,5	6
Durchlaufterminierung	1	0	0	0	0	0	0	0	1	13
Kapazitätsbedarfsermittlung	0	1	0	0	0	0	0	0	1	13
Kapazitätsabstimmung	0	0	0	0	0	0	0	0	0	0
Reihenfolgeplanung	1	0	0	0	1	1	0	1	4	50
Fertigungsauftragsfreigabe	1	1	0	0	1	1	0	1	5	63
Fertigungsbelegerstellung	1	1	0	0	1	0	0	0,5	3,5	44
Arbeitsverteilung	1	1	0	0	1	1	0	1	5	63
Bestellauftragsfreigabe	1	1	0	0	1	1	0	1	5	63
Bestellschreibung	1	1	0	0	1	0	0	1	4	50
Fertigungsfortschrittserfassung	1	0,5	0	0	1	1	0	1	4,5	56
MTQ-überwg. Eigenfertigung	1	1	1	1	1	1	1	1	8	100
Wareneingangserfassung	1	0	0	0	0,5	0	0	1	2,5	31
MTQ-überwg. Bestellteile	1	0	0	0	0,5	0	0	1	2,5	31

Abb. 9.3: Dialogbedarf

	Objekte	Material		Personal		Betriebs-mittel		Infor-mation	
	PPS - Funktionen	Termin	Menge	Termin	Kapazität	Termin	Kapazität	Gesamter Auftrag	Anweisungen, Belege
Produktions-programmplanung	Prognoserechnung	2	2	0	0	0	0	0	0
	Kundenauftragseinplanung	0	0	0	0	0	0	2	0
	Auftragsterminierung (grob)	1	0	0	0	1	0	2	0
	Kapazitätsdeckungsrechnung (grob)	0	0	1	2	1	2	0	0
	Materialdeckungsrechnung (grob)	1	2	0	0	0	0	0	0
Mengen-planung	Bedarfsermittlung	2	2	0	0	0	0	0	0
	Bestandsführung	0	2	0	0	0	0	0	0
	Bestellmengenrechnung	1	2	0	0	0	0	1	0
	Bestellauslösung	0	0	0	0	0	0	0	2
Termin- und Kapazitätsplg.	Durchlaufterminierung	0	0	1	0	2	0	2	0
	Kapazitätsbedarfsermittlung	0	0	0	1	0	2	0	0
	Kapazitätsabstimmung	0	0	1	1	2	2	0	0
	Reihenfolgeplanung	0	0	0	0	0	0	2	0
Auftrags-veranlassung	Fertigungsauftragsfreigabe	1	2	1	1	1	2	0	0
	Fertigungsbelegerstellung	0	0	0	0	0	0	0	2
	Arbeitsverteilung	0	1	0	2	0	2	1	2
	Bestellauftragsfreigabe	2	0	0	0	0	0	0	0
	Bestellschreibung	0	0	0	0	0	0	0	2
Auftrags-überwachung	Fertigungsfortschrittserfassung	2	2	0	0	1	1	1	0
	M.-, T.-, Q.-überwg. Eigenfertigung	2	2	0	0	0	0	0	0
	Wareneingangserfassung	0	2	0	0	0	0	0	1
	M.-, T.-, Q.-überwg. Bestellteile	2	2	0	0	0	0	0	0

"0"; "1"; "2": Bedeutung eines Objektes für eine PPS - Funktion
"0": keine Bedeutung ; "2": hohe Bedeutung

Abb. 9.4: Objekte der einzelnen PPS-Funktionen

Ähnlichkeit der Objekte

PPS-Funktionen

PPS-Funktionen		11	12	13	14	15	21	22	23	24	31	32	33	34	41	42	43	44	45	51	52	53	54
Prognoserechnung	11		0,00	0,29	0,00	0,95	1,00	0,71	0,87	0,00	0,00	0,00	0,00	0,00	0,61	0,00	0,19	0,71	0,00	0,85	1,00	0,63	1,00
Kundenauftragseinplanung	12			0,82	0,00	0,00	0,00	0,00	0,41	0,00	0,67	0,00	0,00	1,00	0,00	0,00	0,27	0,00	0,00	0,30	0,00	0,00	0,00
Auftragsterminierung	13				0,13	0,18	0,29	0,00	0,50	0,00	0,82	0,00	0,26	0,82	0,24	0,00	0,22	0,41	0,00	0,62	0,29	0,00	0,29
Kapazitätsdeckungsrechnung	14					0,00	0,00	0,00	0,00	0,00	0,32	0,85	0,90	0,00	0,73	0,00	0,68	0,00	0,00	0,29	0,00	0,00	0,00
Materialdeckungsrechnung	15						0,95	0,89	0,91	0,00	0,00	0,00	0,00	0,00	0,65	0,00	0,24	0,45	0,00	0,81	0,95	0,80	0,95
Bedarfsermittlung	21							0,71	0,87	0,00	0,00	0,00	0,00	0,00	0,61	0,00	0,19	0,71	0,00	0,85	1,00	0,63	1,00
Bestandsführung	22								0,82	0,00	0,00	0,00	0,00	0,00	0,58	0,00	0,27	0,00	0,00	0,60	0,71	0,89	0,71
Bestellmengenrechnung	23									0,00	0,27	0,00	0,00	0,41	0,59	0,00	0,33	0,41	0,00	0,86	0,87	0,73	0,87
Bestellauslösung	24										0,00	0,00	0,00	0,00	0,00	1,00	0,53	0,00	1,00	0,00	0,00	0,45	0,00
Durchlaufterminierung	31											0,00	0,53	0,67	0,29	0,00	0,18	0,00	0,00	0,40	0,00	0,00	0,00
Kapazitätsbedarfsermittlung	32												0,71	0,00	0,65	0,00	0,72	0,00	0,00	0,27	0,00	0,00	0,00
Kapazitätsabstimmung	33													0,00	0,73	0,00	0,51	0,00	0,00	0,38	0,00	0,00	0,00
Reihenfolgeplanung	34														0,00	0,00	0,27	0,00	0,00	0,30	0,00	0,00	0,00
Fertigungsauftragsfreigabe	41															0,00	0,62	0,29	0,00	0,78	0,61	0,52	0,61
Fertigungsbelegerstellung	42																0,53	0,00	1,00	0,00	0,00	0,45	0,00
Arbeitsverteilung	43																	0,00	0,53	0,40	0,19	0,48	0,19
Bestellauftragsfreigabe	44																		0,00	0,60	0,71	0,00	0,71
Bestellschreibung	45																			0,00	0,00	0,45	0,00
Fertigungsfortschrittserfassung	51																				0,85	0,54	0,85
MTQ-überwg. Eigenfertigung	52																					0,63	1,00
Wareneingangserfassung	53																						0,63
MTQ-überwg. Bestellteile	54																						

Abb. 9.5: Ähnlichkeit der Objekte zweier PPS-Funktionen

	Verrichtungen	Veranlassen	Realisieren	Überwachen	Sichern	Entscheiden		
PPS - Funktionen						strategisch orientiert	taktisch orientiert	operativ orientiert
Produktionsprogrammplanung Prognoserechnung		0	0	0	0	2	0	0
Kundenauftragseinplanung		1	0	0	0	2	0	0
Auftragsterminierung (grob)		0	0	0	0	2	0	0
Kapazitätsdeckungsrechnung (grob)		0	0	2	0	1	0	0
Materialdeckungsrechnung (grob)		1	0	2	0	1	0	0
Mengenplanung Bedarfsermittlung		0	1	2	0	0	0	0
Bestandsführung		0	1	2	0	0	0	0
Bestellmengenrechnung		1	1	0	0	1	0	0
Bestellauslösung		0	0	0	0	1	1	0
Termin- und Kapazitätsplg. Durchlaufterminierung		0	0	0	0	1	1	0
Kapazitätsbedarfsermittlung		0	2	0	0	0	0	0
Kapazitätsabstimmung		0	0	1	0	0	2	0
Reihenfolgeplanung		0	2	0	0	0	1	0
Auftragsveranlassung Fertigungsauftragsfreigabe		1	0	2	0	0	0	0
Fertigungsbelegerstellung		0	2	0	0	0	0	0
Arbeitsverteilung		1	0	1	0	0	2	0
Bestellauftragsfreigabe		1	0	0	0	1	1	0
Bestellschreibung		0	2	0	0	0	0	0
Auftragsüberwachung Fertigungsfortschrittserfassung		0	2	0	0	0	0	0
M.-, T.-, Q.-überwg. Eigenfertigung		0	0	2	2	0	0	2
Wareneingangserfassung		0	0	2	0	0	0	0
M.-, T.-, Q.-überwg. Bestellteile		0	0	2	2	0	0	1

"0"; "1"; "2": Bedeutung einer Verrichtung für eine PPS - Funktion
"0": keine Bedeutung ; "2": hohe Bedeutung

Abb. 9.6: Verrichtungen der einzelnen PPS-Funktionen

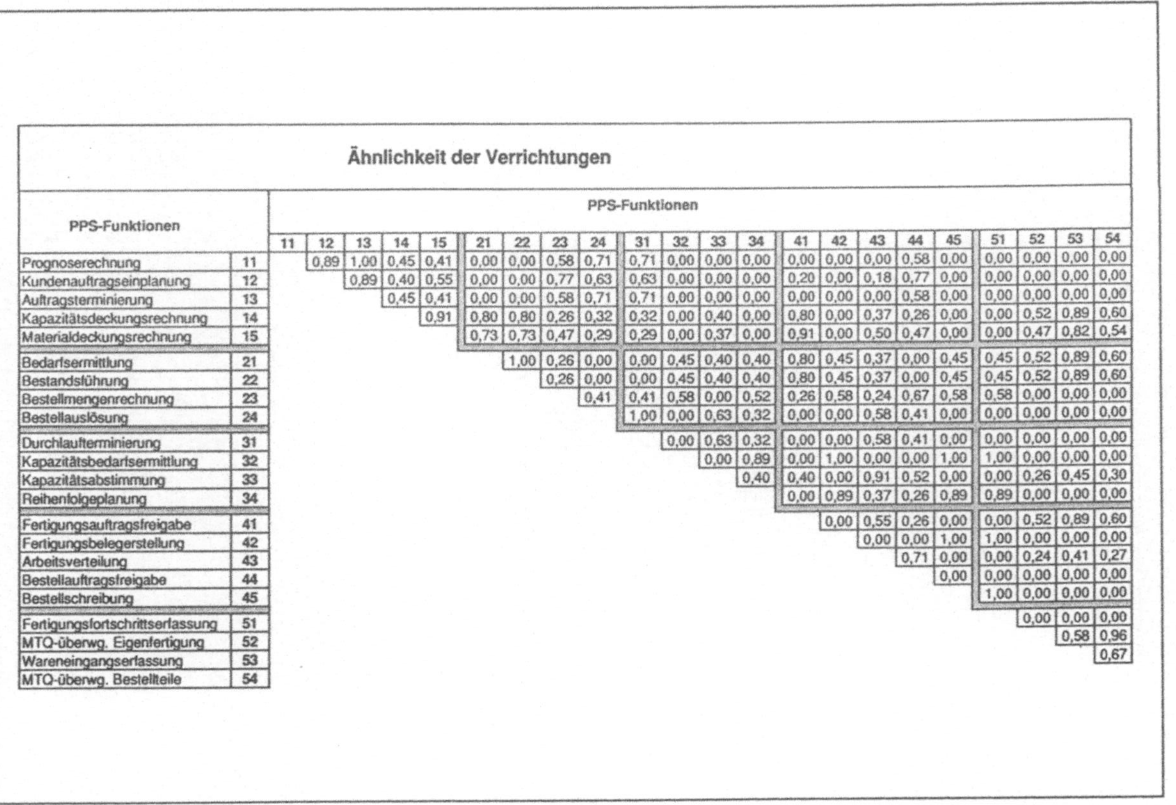

Ähnlichkeit der Verrichtungen

PPS-Funktionen		11	12	13	14	15	21	22	23	24	31	32	33	34	41	42	43	44	45	51	52	53	54
Prognoserechnung	11		0,89	1,00	0,45	0,41	0,00	0,00	0,58	0,71	0,71	0,00	0,00	0,00	0,00	0,00	0,00	0,58	0,00	0,00	0,00	0,00	0,00
Kundenauftragseinplanung	12			0,89	0,40	0,55	0,00	0,00	0,77	0,63	0,63	0,00	0,00	0,00	0,20	0,00	0,18	0,77	0,00	0,00	0,00	0,00	0,00
Auftragsterminierung	13				0,45	0,41	0,00	0,00	0,58	0,71	0,71	0,00	0,00	0,00	0,00	0,00	0,00	0,58	0,00	0,00	0,00	0,00	0,00
Kapazitätsdeckungsrechnung	14					0,91	0,80	0,80	0,26	0,32	0,32	0,00	0,40	0,00	0,80	0,00	0,37	0,26	0,00	0,00	0,52	0,89	0,60
Materialdeckungsrechnung	15						0,73	0,73	0,47	0,29	0,29	0,00	0,37	0,00	0,91	0,00	0,50	0,47	0,00	0,00	0,47	0,82	0,54
Bedarfsermittlung	21							1,00	0,26	0,00	0,00	0,45	0,40	0,40	0,80	0,45	0,37	0,00	0,45	0,45	0,52	0,89	0,60
Bestandsführung	22								0,26	0,00	0,00	0,45	0,40	0,40	0,80	0,45	0,37	0,00	0,45	0,45	0,52	0,89	0,60
Bestellmengenrechnung	23									0,41	0,41	0,58	0,00	0,52	0,26	0,58	0,24	0,67	0,58	0,58	0,00	0,00	0,00
Bestellauslösung	24										1,00	0,00	0,63	0,32	0,00	0,00	0,58	0,41	0,00	0,00	0,00	0,00	0,00
Durchlaufterminierung	31											0,00	0,63	0,32	0,00	0,00	0,58	0,41	0,00	0,00	0,00	0,00	0,00
Kapazitätsbedarfsermittlung	32												0,00	0,89	0,00	1,00	0,00	0,00	1,00	1,00	0,00	0,00	0,00
Kapazitätsabstimmung	33													0,40	0,40	0,00	0,91	0,52	0,00	0,00	0,26	0,45	0,30
Reihenfolgeplanung	34														0,00	0,89	0,37	0,26	0,89	0,89	0,00	0,00	0,00
Fertigungsauftragsfreigabe	41															0,00	0,55	0,26	0,00	0,00	0,52	0,89	0,60
Fertigungsbelegerstellung	42																0,00	0,00	1,00	1,00	0,00	0,00	0,00
Arbeitsverteilung	43																	0,71	0,00	0,00	0,24	0,41	0,27
Bestellauftragsfreigabe	44																		0,00	0,00	0,00	0,00	0,00
Bestellschreibung	45																			1,00	0,00	0,00	0,00
Fertigungsfortschrittserfassung	51																				0,00	0,00	0,00
MTQ-überwg. Eigenfertigung	52																					0,58	0,96
Wareneingangserfassung	53																						0,67
MTQ-überwg. Bestellteile	54																						

Abb. 9.7: Ähnlichkeit der Verrichtungen zweier PPS-Funktionen

Anwender-Belastungen

PPS-Funktionen		11	12	13	14	15	21	22	23	24	31	32	33	34	41	42	43	44	45	51	52	53	54
Prognoserechnung	11		50,5	38,0	25,5	25,5	41,0	31,5	19,0	22,0	25,5	25,5	19,0	44,0	50,5	41,0	50,5	50,5	44,0	47,0	69,0	34,5	34,5
Kundenauftragseinplanung	12			50,5	38,0	38,0	53,5	44,0	31,5	34,5	38,0	38,0	31,5	56,5	63,0	53,5	63,0	63,0	56,5	59,5	81,5	47,0	47,0
Auftragsterminierung	13				25,5	25,5	41,0	31,5	19,0	22,0	25,5	25,5	19,0	44,0	50,5	41,0	50,5	50,5	44,0	47,0	69,0	34,5	34,5
Kapazitätsdeckungsrechnung	14					13,0	28,5	19,0	6,5	9,5	13,0	13,0	6,5	31,5	38,0	28,5	38,0	38,0	31,5	34,5	56,5	22,0	22,0
Materialdeckungsrechnung	15						28,5	19,0	6,5	9,5	13,0	13,0	6,5	31,5	38,0	28,5	38,0	38,0	31,5	34,5	56,5	22,0	22,0
Bedarfsermittlung	21							34,5	22,0	25,0	28,5	28,5	22,0	47,0	53,5	44,0	53,5	53,5	47,0	50,0	72,0	37,5	37,5
Bestandsführung	22								12,5	15,5	19,0	19,0	12,5	37,5	44,0	34,5	44,0	44,0	37,5	40,5	62,5	28,0	28,0
Bestellmengenrechnung	23									3,0	6,5	6,5	0,0	25,0	31,5	22,0	31,5	31,5	25,0	28,0	50,0	15,5	15,5
Bestellauslösung	24										9,5	9,5	3,0	28,0	34,5	25,0	34,5	34,5	28,0	31,0	53,0	18,5	18,5
Durchlaufterminierung	31											13,0	6,5	31,5	38,0	28,5	38,0	38,0	31,5	34,5	56,5	22,0	22,0
Kapazitätsbedarfsermittlung	32												6,5	31,5	38,0	28,5	38,0	38,0	31,5	34,5	56,5	22,0	22,0
Kapazitätsabstimmung	33													25,0	31,5	22,0	31,5	31,5	25,0	28,0	50,0	15,5	15,5
Reihenfolgeplanung	34														56,5	47,0	56,5	56,5	50,0	53,0	75,0	40,5	40,5
Fertigungsauftragsfreigabe	41															53,5	63,0	63,0	56,5	59,5	81,5	47,0	47,0
Fertigungsbelegerstellung	42																53,5	53,5	47,0	50,0	72,0	37,5	37,5
Arbeitsverteilung	43																	63,0	56,5	59,5	81,5	47,0	47,0
Bestellauftragsfreigabe	44																		56,5	59,5	81,5	47,0	47,0
Bestellschreibung	45																			53,0	75,0	40,5	40,5
Fertigungsfortschrittserfassung	51																				78,0	43,5	43,5
MTQ-überwg. Eigenfertigung	52																					65,5	65,5
Wareneingangserfassung	53																						31,0
MTQ-überwg. Bestellteile	54																						

Abb. 9.8: 'Anwender-Belastung' durch die Gruppierung zweier PPS-Funktionen

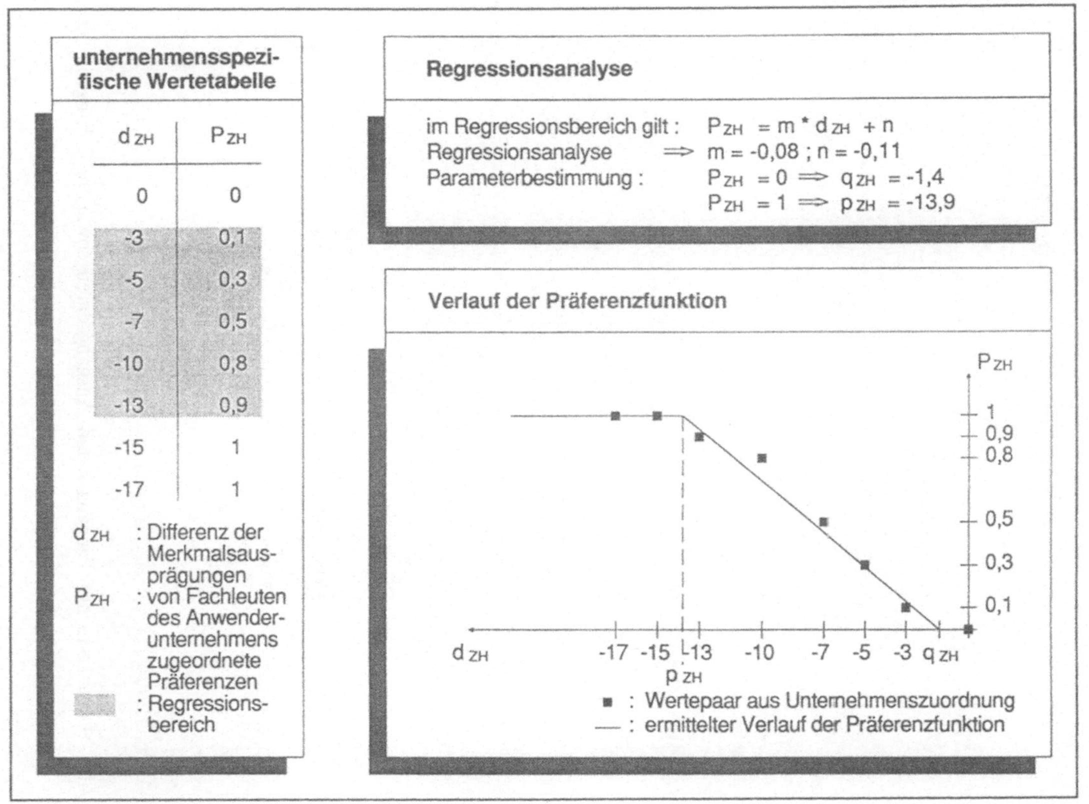

Abb. 9.9: Festlegung der Parameter der Präferenzfunktion des Abspaltungskriteriums 'Zeitlicher Horizont'

Eingangsdaten   **Ausgangsdaten**

Legende Eingangsdaten (Spalten): Datentyp stammt aus dem EDV-System / Eingabe am Anwendungsort
Legende Ausgangsdaten (Spalten): Datentyp auch zu and. PPS-Funktionen / Ausgabe nur am Anwendungsort

Kundenauftragseinplanung

Eingangsdaten:

Datentyp	stammt aus dem EDV-System	Eingabe am Anwendungsort
Anfangstermin	X	
Auftrags-Nr.		X
Auftragsmenge	X	
Betriebskalender		X
Einzelkosten		X
Kennungen der Kundenaufträge	X	
Kunden-Name	X	
Kunden-Nr.		X
Kundenauftragspriorität	X	
Oberes Teil	X	
Planungsperiode		
Status der Kundenaufträge		X
Teile-Nr.	X	
Teilebezeichnung	X	
Unteres Teil	X	

Ausgangsdaten:

Datentyp	auch zu and. PPS-Funktionen	Ausgabe nur am Anwendungsort
Anfangstermin		X
Auftrags-Nr.		X
Auftragsmenge		X
Kennungen der Kundenaufträge		X
Kundenauftragspriorität		X
Status der Kundenaufträge		X

Auftragsterminierung

Eingangsdaten:

Datentyp	stammt aus dem EDV-System	Eingabe am Anwendungsort
Alarmbestand		X
Anfangstermine		X
Auftragsmengen		X
Beschaffungszeit		X
Betriebskalender		X
Dispositionsstufe		X
Kennungen der Kundenaufträge		X
Kunden-Name		X
Kunden-Nr.		X
Lagerbestand, buchmäßiger		
Losgröße		X
Mindestbestand		
Schlüssel		X
Status der Kundenaufträge		X
Teile-Nr.		X
Teilebezeichnung		X
verfügbarer Bestand		

Ausgangsdaten:

Datentyp	auch zu and. PPS-Funktionen	Ausgabe nur am Anwendungsort
Anfangstermin		X
Auftragsmenge		X
Ecktermin		X
Endtermin		X

Kapazitätsdeckungsrechnung

Eingangsdaten:

Datentyp	stammt aus dem EDV-System	Eingabe am Anwendungsort
Aktuelle Belastung		X
Alarmbestand		X
Anfangstermin		X
Anzahl Arbeitsplätze		X
Arbeitsplatzgruppen-Nr.		X
Auftragsmenge		X
Benennung		X
Beschaffungszeit		X
Beschäftigungsgrad		
Betriebskalender		X
Bezeichnung		X

Ausgangsdaten:

Datentyp	auch zu and. PPS-Funktionen	Ausgabe nur am Anwendungsort
Auftragsmenge		X
Benennung		X
Betriebsmittelkapazität		X
Investition		
Kapazitätsbedarf		X
kapazitätsbelegungsgruppe		X
Kapazitätsbestand, freier		X
Kapazitätsbestand, nicht nutzbarer		
Kapazitätsbestand, nutzbarer		
Kapazitätsgruppe		X
Kapazitätsmaßeinheit	X	

Abb. 9.10a: Liste der Eingangs- und Ausgangsdaten sowie ihrer Eingabe- und Ausgabeorte für die PPS-Funktionen des Fallbeispiels

Eingangsdaten

Datentyp stammt aus dem EDV-System
Eingabe am Anwendungsort

Ausgangsdaten

Datentyp auch zu and. PPS-Funktionen
Ausgabe nur am Anwendungsort

Kapazitätsdeckungsrechnung (Fortsetzung)

Eingangsdaten:

Eingangsdatum	Eingabe am Anwendungsort	stammt aus dem EDV-System
Dispositionsstufe		X
Ecktermin		X
Fremdvergabe		X
Kapazität pro Schicht		X
Kennungen der Kundenaufträge		X
Kunden-Name		X
Kunden-Nr.		X
Lagerbestand		X
Losgröße		X
Mindestbestand		X
Normalarbeitszeit		X
Planungsperiode	X	
Sach-Nr.		X
Schlüssel		X
Soll-Endtermin		X
Teile-Nr.		X
Teilebezeichnung		X
verfügbarer Bestand		X

Ausgangsdaten:

Ausgangsdatum	Ausgabe nur am Anwendungsort	auch zu and. PPS-Funktionen
Kapazitätsstelle		X
Planungsperiode		X
Sach-Nr.		X
Überstunden	X	

Bedarfsermittlung

Eingangsdaten:

Eingangsdatum	Eingabe am Anwendungsort	stammt aus dem EDV-System
Alarmbestand		X
Auftragsmenge		X
Bedarf, prognostizierter		X
Bedarfsermittlungsebene, Material		X
Bedarfsermittlungsstufe		X
Bedarfskonten		X
Bedarfsperiode	X	
Benennung		X
Beschaffungsart		X
Beschaffungsfrist		X
Beschaffungszeit		X
Bestellmenge	X	
Bestellvorschlagsmenge		X
Betriebskalender		X
Bruttobedarf, ergänzter		X
Dispositionsstufe		X
Fertigungsebene		X
Kennzeichnung der Materialbedarfsermittl.		
Lagerbestand, buchmäßiger		X
Liefermenge		
Losgröße		X
Menge		X
Methode der Materialbedarfsermittlung		X
Mindestbestand		X
Oberes Teil		X
Planungsperiode		X

Ausgangsdaten:

Ausgangsdatum	Ausgabe nur am Anwendungsort	auch zu and. PPS-Funktionen
Alarmbestand		X
Bedarfskonten		X
Bedarfsperiode		X
Bestand, überhöhter		X
Betriebskalender		X
Bruttobedarf		X
Kennungen der Kundenaufträge		X
Lagerbestand, buchmäßiger		X
Lagerbestand, verfügbarer		X
Mindestbestand		X
Nettobedarf		X
Planungsperiode		X
Sach-Nr.		X
Status der Kundenaufträge		X
Untereindeckung	X	
verfügbarer Bestand		X
Verfügbarkeitsabschnitt		X
Verfügbarkeitstermin	X	

Abb. 9.10b: Liste der Eingangs- und Ausgangsdaten sowie ihrer Eingabe- und Ausgabeorte für die PPS-Funktionen des Fallbeispiels

Eingangsdaten — Legende der beiden Kästchen je Datentyp:
rechtes Kästchen = Datentyp stammt aus dem EDV-System; linkes Kästchen = Eingabe am Anwendungsort

Ausgangsdaten — Legende der beiden Kästchen je Datentyp:
rechtes Kästchen = Datentyp auch zu and. PPS-Funktionen; linkes Kästchen = Ausgabe nur am Anwendungsort

Eingangsdaten

Funktion / Datentyp	Eingabe am Anwendungsort	Datentyp stammt aus dem EDV-System
Bedarfsermittlung (Fortsetzung)		
Primärbedarf		X
Sach-Nr.		X
Schlüssel		X
Sekundärbedarf		X
Sicherheitsbestand	X	
Teile-Nr.		X
Teilebezeichnung		X
Tertiärbedarf		X
Unteres Teil		X
verfügbarer Bestand		X
Vorlaufzeit		
Zusatzbedarf		
Bestandsführung		
Abgabemenge	X	
Alarmbestand	X	
Anzahl der Planungsperioden	X	
Arbeitsplatz-Nr.	X	
Auftragsmenge		X
AVO-Nr.	X	
Bedarfskonten		X
Benennung		X
Bestellauftrags-Nr.		X
Bestellbestände für Planungsperioden		
Bestellmenge		X
Bezeichnung		X
Datum		X
Ereignis-Kennzeichen		X
Fertigungsauftrags-Nr.		X
Fertigungskosten		X
Inventurbestand	X	
Inventurtermin	X	
Istbestand		X
Kennung		X
Kundenrücklieferung	X	
Lagerbestand, buchmäßiger		X
Lagerbestand, körperlicher		X
Lagerbestand, verfügbarer		X
Lagerbestandsdifferenz	X	
Lagerkostensatz		X
Lagerort		X
Mehrverbrauch		X
Menge, angelieferte		X
Menge, reservierte		X
Mindestbestand	X	
Personen-Nr.	X	X

Ausgangsdaten

Funktion / Datentyp	Ausgabe nur am Anwendungsort	Datentyp auch zu and. PPS-Funktionen
Alarmbestand		X
Auftrags-Nr.		X
Auftragsmenge		X
Bedarfskonten		X
Bestell-Nr.		X
Bestellbestände für Planungsperioden		
Bestellmenge		X
Entnahmeart		X
Fertigungskosten		X
Inventurbestand		X
Inventurtermin		X
Kundenrücklieferung	X	
Lagerbestand, buchmäßiger		X
Lagerbestand, durchschnittlicher	X	
Lagerbestand, körperlicher		X
Lagerbestand, verfügbarer		X
Lagerbestandsdifferenz	X	
Lagerkostensatz	X	
Lagerort		X
Liefermenge		X
Mehrverbrauch		X
Menge, angelieferte		X
Menge, reservierte		X
Mindestbestand		X
Preis		X
Preiseinheit	X	
Reservierung für Planungsperioden		
Sach-Nr.		X
Statistik Bestellung	X	
Statistik Nachfrage	X	
Statistik Verbrauch		X
Status		X

Abb. 9.10c: Liste der Eingangs- und Ausgangsdaten sowie ihrer Eingabe- und Ausgabeorte für die PPS-Funktionen des Fallbeispiels

Eingangsdaten

Legende:
- Datentyp stammt aus dem EDV-System (Spalte 1)
- Eingabe am Anwendungsort (Spalte 2)

Bestandsführung (Fortsetzung)

Eingangsdaten	Datentyp stammt aus dem EDV-System	Eingabe am Anwendungsort
Preis	X	
Preiseinheit	X	
Reservierung für Planungsperioden		
Sach-Nr.		X
Sicherheitsbestand	X	
Statistik Bestellung		X
Statistik Nachfrage		X
Statistik Verbrauch		X
Status		X
Teile-Nr.		X
Teilebezeichnung		X
Termin, aktueller		X
Uhrzeit		X
Unterwegsbestand, bewerteter		X
Werkstattbestand, bewerteter		X
Werkstattbestände für Planungsperioden		

Bestellmengenrechnung

Eingangsdaten	Datentyp stammt aus dem EDV-System	Eingabe am Anwendungsort
Alarmbestand		X
Anzahl Planungsperioden		
Bedarfskonten		X
Beschaffungsart		X
Beschaffungsfrist		X
Beschaffungszeit		X
Beschaffungszeitpunkt		X
Bestellbestände für Planungsperioden		
Bestellgrenze		
Bestellvorschlagsmenge		X
Dispositionsstufe		X
Fertigungskosten		
Kennung der Teileart		X
Kennzeichnung der Materialbedarfsermittl.		X
Lagerbestand, buchmäßiger		X
Lagerbestand, verfügbarer		X
Lagerkostensatz		X
Lagerort		X
Lagerungskosten		X
Lieferantenstammdaten		X
Lieferfrist		X
Losgröße		X
Losgröße, wirtschaftliche		X
Mindestbestand		X
Nettobedarf		X
Oberes Teil		X
Planungsperiode		X
Preis		X

Ausgangsdaten

Legende:
- Datentyp auch zu and. PPS-Funktionen (Spalte 1)
- Ausgabe nur am Anwendungsort (Spalte 2)

Bestandsführung (Fortsetzung)

Ausgangsdaten	Datentyp auch zu and. PPS-Funktionen	Ausgabe nur am Anwendungsort
Teilebezeichnung		X
Umschlagshäufigkeit	X	
Unterwegsbestand, bewerteter		X
Werkstattbestand, bewerteter		X
Werkstattbestände für Planungsperioden		

Bestellmengenrechnung

Ausgangsdaten	Datentyp auch zu and. PPS-Funktionen	Ausgabe nur am Anwendungsort
Auftrags-Nr.		X
Auftragsmenge		X
Bedarfskonten		X
Beschaffungszeitpunkt		X
Bestell-Nr.		X
Bestellbezeichnung		X
Bestellmenge		X
Bestelltermin, soll		X
Bestellvorschlagsmenge		X
Bestellwert		X
Lieferanten-Nr.		X
Lieferbedingung	X	
Liefertermin		X
Liefervorschrift	X	
Losgröße		X
Meldebestand		X
Planungsperiode		X
Sach-Nr.		X
Teilbestellmenge		X
Zahlungsbedingung	X	

Abb. 9.10d: Liste der Eingangs- und Ausgangsdaten sowie ihrer Eingabe- und Ausgabeorte für die PPS-Funktionen des Fallbeispiels

	Eingangsdaten	EDV-System	Anwendungsort	Ausgangsdaten	PPS-Funktionen	Anwendungsort
Bestellmengenrechnung (Fortsetzung)	Preiseinheit		X			
	Reservierung für Planungsperioden					
	Sach-Nr.		X			
	Schlüssel		X			
	Sicherheitsbestand		X			
	Statistik Bestellung		X			
	Statistik Nachfrage		X			
	Statistik Verbrauch		X			
	Teile-Nr.		X			
	Teilebezeichnung		X			
	Unteres Teil		X			
	verfügbarer Bestand		X			
	Verfügbarkeitsabschnitt		X			
	Verfügbarkeitsdatum		X			
	Werkstattbestände für Planungsperioden		X			
Bestellauslösung	Alarmbestand		X	Alarmbestand		
	Bedarfskonten		X	Bedarfskonten		
	Bestellauftrags-Nr.		X	Bestellauftrags-Nr.		X
	Bestellbestände für Planungsperioden			Bestellbestände für Planungsperioden		
	Bestellmenge		X	Bestellmenge		X
	Bestelltermin, soll		X	Bestelltermin, ist		X
	Bestellverfahrenskennung	X		Bestellverfahrenskennung		X
	Lagerbestand		X	Lagerbestand		X
	Mindestbestand		X	Mindestbestand		X
	Mindestmenge		X	Mindestmenge		X
	Teile-Nr.		X	verfügbarer Bestand		X
	Teilebezeichnung		X			
	verfügbarer Bestand		X			
Durchlaufterminierung	Abarbeitungsfolge		X	Abarbeitungsfolge		X
	Arbeitsplatzbezeichnung		X	Arbeitsplatzbezeichnung	X	
	Arbeitsplatzgruppen-Nr.			Arbeitsplatzgruppen-Nr.		X
	Arbeitsvorgangs-Nr.		X	Arbeitsvorgangs-Nr.		X
	Arbeitsvorgangsbezeichnung		X	Arbeitsvorgangsanfangstermin		X
	Auftrags-Nr.		X	Arbeitsvorgangsbezeichnung	X	
	Auftragsmenge		X	Arbeitsvorgangsendtermin		X
	Auftragswert			Auftragsmenge		X
	Betriebskalender		X	Ausführungspriorität		X
	Betriebsmittel-Nr.		X	Betriebsmittel-Nr.		X
	Betriebsmittelbezeichnung		X	Betriebsmittelbezeichnung	X	
	Betriebsmitteldaten		X	Fertigungsauftragsanfangstermin, korr.	X	
	Betriebsruhe		X	Fertigungsauftragsendtermin, korrigiert	X	
	Durchlaufzeit			Fertigungsdurchlaufzeit		X
	Fertigungsauftrags-Nr.		X	Kettenpufferzeit		X

Legende:
- Datentyp stammt aus dem EDV-System
- Eingabe am Anwendungsort
- Datentyp auch zu and. PPS-Funktionen
- Ausgabe nur am Anwendungsort

Abb. 9.10e: Liste der Eingangs- und Ausgangsdaten sowie ihrer Eingabe- und Ausgabeorte für die PPS-Funktionen des Fallbeispiels

Eingangsdaten / Ausgangsdaten

Datentyp stammt aus dem EDV-System / Datentyp auch zu and. PPS-Funktionen
Eingabe am Anwendungsort / Ausgabe nur am Anwendungsort

Durchlaufterminierung (Fortsetzung)

Eingangsdaten	EDV	Anw.
Fertigungsauftragsanfangstermin, geplant	X	
Fertigungsauftragsbestand	X	
Fertigungsauftragsendtermin, geplant	X	
Fertigungsauftragspriorität	X	
Fertigungsdurchlaufzeit		
Fertigungsrestzeit	X	
Kennung für Mehrstellenarbeit	X	
Kennung für Nacharbeit	X	
Losgröße, wirtschaftliche	X	
Mindestmenge	X	
Planungsperiode	X	
Pufferzeit	X	
Rüstzeit	X	
Sach-Nr.		
Sollmenge		
Stückzeit	X	
Teile-Nr.	X	
Teilebezeichnung	X	
Transportzeit	X	
Übergangszeit	X	
Überhangzeit	X	
Überlappung	X	
Vorgabezeit	X	
Vorlaufzeit		
Zwischenzeit		

Ausgangsdaten	PPS	Anw.
Los-Nr.		X
Losgröße, wirtschaftliche		
Planungsperiode		X
Sach-Nr.		
Teilebezeichnung	X	

Reihenfolgeplanung

Eingangsdaten	EDV	Anw.
Arbeitsplatzbezeichnung		X
Arbeitsplatzgruppen-Nr.		X
Arbeitsvorgangs-Nr.		X
Arbeitsvorgangsanfangstermin		X
Arbeitsvorgangsbezeichnung		X
Arbeitsvorgangspriorität		X
Auftragsfolge		X
Auftragsmenge		X
Benennung		
Betriebsmittel-Nr.		X
Betriebsmittelbezeichnung		X
Erst-Erzeugnis-Kennung		
Fertigungsauftrags-Nr.		X
Fertigungsauftragspriorität		X
Istmenge		X
Kapazitätsgruppe		X
Kennung		X
Mindestmenge		X
Planungsperiode		X

Ausgangsdaten	PPS	Anw.
Arbeitsplatzbezeichnung	X	
Arbeitsplatzgruppen-Nr.		X
Arbeitsvorgangs-Nr.		X
Arbeitsvorgangsbezeichnung	X	
Arbeitsvorgangspriorität		X
Auftragsmenge		X
Benennung		
Betriebsmittel-Nr.		X
Betriebsmittelbezeichnung	X	
Fertigungsauftrags-Nr.		X
Fertigungsauftragspriorität		X
Planungsperiode		X
Rüstzeit		X
Sach-Nr.		X
Stückzeit		X
Übergangszeit		X
Vorgabezeit		X

Abb. 9.10f: Liste der Eingangs- und Ausgangsdaten sowie ihrer Eingabe- und Ausgabeorte für die PPS-Funktionen des Fallbeispiels

Legende:

Eingangsdaten	[1] Datentyp stammt aus dem EDV-System	[2] Eingabe am Anwendungsort
Ausgangsdaten	[1] Datentyp auch zu and. PPS-Funktionen	[2] Ausgabe nur am Anwendungsort

Reihenfolgeplanung (Fortsetzung)

Eingangsdaten:

	[1]	[2]
Sach-Nr.		X
Sollmenge		X
Status		X
Teilebezeichnung		X
Wiederhol-Erzeugnis-Kennung		

Fertigungsauftragsfreigabe

Eingangsdaten:

	[1]	[2]
Arbeitsvorgangs-Nr.		X
Arbeitsvorgangsanfangstermin		X
Arbeitsvorgangsbezeichnung		X
Ausgabekennung	X	
Betriebskalender		X
Betriebsmitteldaten		X
Betriebsruhe		X
Fertigbearbeitungskennung		
Fertigungsauftrags-Nr.		X
Gutstückzahl		
Istmenge		X
Kapazitätsbedarf		X
Kapazitätsbestand, nutzbarer		X
Liefertermin		X
Menge, verfügbare		X
Sach-Nr.		X
Status		X
Teilebezeichnung		X
Verfügbarkeitskennung, Betriebsmittel		X
Verfügbarkeitskennung, Material		X
Verfügbarkeitskennung, Personal		X
Verfügbarkeitstermin, Betriebsmittel		
Verfügbarkeitstermin, Material		
Verfügbarkeitstermin, Personal		

Ausgangsdaten:

	[1]	[2]
Arbeitsvorgangs-Nr.		X
Arbeitsvorgangsbezeichnung	X	
Ausdruckkennung		X
Ausgabekennung		X
Fehlmenge		X
Fertigungsauftrags-Nr.		X
Gutstückzahl		
Istmenge		X
Kapazitätsbedarf		X
Personal, fehlendes		X
Sach-Nr.		X
Status		X
Teilebezeichnung	X	
Termin		X
Terminverschiebung		X
Verfügbarkeitskennung, Betriebsmittel		
Verfügbarkeitskennung, Material		
Verfügbarkeitskennung, Personal		
Verfügbarkeitstermin, Betriebsmittel		
Verfügbarkeitstermin, Material		
Verfügbarkeitstermin, Personal		

Fertigungsbelegerstellung

Eingangsdaten:

	[1]	[2]
Abmessung		X
Arbeitsplatz-Bezeichnung		X
Arbeitsplatzgruppen-Nr.		X
Arbeitsvorgangs-Nr.		X
Arbeitsvorgangsbezeichnung		X
Ausdruckkennung		X
Ausweicharbeitsplatz-Nr.		X
Ausweicharbeitsplatzbenennung		X
Bereitstellungstermin		X
Bezeichnung		X
Einheit		X
Empfangsstelle		X
Fertigungsanweisung		X
Fertigungsauftrags-Nr.		X

Ausgangsdaten:

	[1]	[2]
Abmessung		X
Arbeitsplatz-Bezeichnung		X
Arbeitsplatzgruppen-Nr.		X
Arbeitsvorgangs-Nr.		X
Arbeitsvorgangsbezeichnung		X
Ausdruckkennung		X
Ausweicharbeitsplatz-Nr.		X
Ausweicharbeitsplatzbenennung		X
Änderungsindex		X
Bereitstellungstermin		X
Bezeichnung		X
Einheit		X
Empfangsstelle		X
Fertigungsanweisung		X

Abb. 9.10g: Liste der Eingangs- und Ausgangsdaten sowie ihrer Eingabe- und Ausgabeorte für die PPS-Funktionen des Fallbeispiels

Eingangsdaten

	Datentyp stammt aus dem EDV-System	Eingabe am Anwendungsort
Fertigungsbelegerstellung (Fortsetzung)		
Fertigungsauftragsanfangstermin		X
Fertigungsauftragsendtermin		X
Fertigungsauftragspriorität		X
Gewicht		X
Klassifizierung		
Kostenstelle		X
Lagerort		X
Lohngruppe		X
Los-Nr.		X
NC-Programm-Nr.		X
Rüstzeit		X
Sach-Nr.		X
Schlüssel		X
Soll-Endtermin		X
Sollmenge		X
Teilebezeichnung		X
Vorgabezeit		X
Vorrichtungs-Nr.		X
Vorrichtungsbezeichnung		X
Werkstoff		X
Werkzeug-Nr.		X
Werkzeugbezeichnung		X
Zeichnungs-Nr.		X
Arbeitsverteilung		
Aktuelle Belastung		X
Arbeitplatzbezeichnung		X
Arbeitsplatz-Nr.		X
Arbeitsvorgangs-Nr.		X
Arbeitsvorgangsanfangstermin		X
Arbeitsvorgangsbezeichnung		X
Arbeitsvorgangsendtermin		X
Arbeitsvorgangspriorität		X
Arbeitszeitprogramm		
Ausweichmaschinen-Nr.		X
Ausweichmaschinenbezeichnung		X
Ausweiskennziffer		X
Beschäftigungsverhältnis		
Besetzung		
Fertigungsauftrags-Nr.		X
Kapazität pro Schicht		X
Lohngruppe		X
Mehrmaschinenbedienung		X

Ausgangsdaten

	Datentyp auch zu and. PPS-Funktionen	Ausgabe nur am Anwendungsort
Fertigungsbelegerstellung (Fortsetzung)		
Fertigungsauftrags-Nr.		X
Fertigungsauftragsanfangstermin		X
Fertigungsauftragsendtermin		X
Fertigungsauftragspriorität		X
Gewicht		X
Klassifizierung		
Kostenstelle		X
Lagerort		X
Lohngruppe		X
Los-Nr.		X
NC-Programm-Nr.		X
Rohgewicht		X
Rüstzeit		X
Sach-Nr.		X
Schlüssel		X
Soll-Endtermin		X
Sollmenge		X
Taktabstimmung		X
Teilebezeichnung		X
Vorgabezeit		X
Vorrichtungs-Nr.		X
Vorrichtungsbezeichnung		X
Werkstoff		X
Werkzeug-Nr.		X
Werkzeugbezeichnung		X
Zeichnungs-Nr.		X
Arbeitsverteilung		
Arbeitplatzbezeichnung	X	
Arbeitsplatz-Nr.		X
Arbeitsvorgangs-Nr.	X	
Arbeitsvorgangsanfangstermin	X	
Arbeitsvorgangsbezeichnung	X	
Bereitstellungszeit		X
Fertigungsauftrags-Nr.	X	
Teilebezeichnung	X	

Abb. 9.10h: Liste der Eingangs- und Ausgangsdaten sowie ihrer Eingabe- und Ausgabeorte für die PPS-Funktionen des Fallbeispiels

Eingangsdaten

Legende: Spalte 1 = „Datentyp stammt aus dem EDV-System", Spalte 2 = „Eingabe am Anwendungsort"

Arbeitsverteilung (Fortsetzung)

Eingangsdaten	EDV-System	Anwendungsort
Nrn. der geeigneten Maschinen		X
Personen-Name		X
Personen-Nr.		X
Produktivzeit		X
Sollkostenstelle		X
Sollmenge		X
Status		X
Stillstandszeit		X
Störgrund		X
Störzeit		X
Technologische Angabe		X
Teilebezeichnung		X

Bestellauftragsfreigabe

Eingangsdaten	EDV-System	Anwendungsort
Bestellauftrags-Nr.		X
Bestellbezeichnung		X
Bestellgrenze		X
Bestellvorschlagsmenge		X
Freigabekennung		X
Lagerort		X
Lieferanten-Anschrift	X	
Lieferanten-Name	X	
Lieferanten-Nr.		X
Lieferfrist		X
Lieferkonditionen	X	
Menge		X
Status		X
Termin		X
Verfügbarkeitstermin		X

Bestellschreibung

Eingangsdaten	EDV-System	Anwendungsort
Abmessung		X
Bedarfstermin		X
Bestellauftrags-Nr.		X
Bestellbezeichnung		X
Bestellmenge		X
Einheit		X
Gewicht		X
Kennungen der Lieferaufträge		X
Lieferanten-Anschrift		X
Lieferanten-Name		X
Lieferanten-Nr.		X
Lieferkonditionen		X
Liefermenge		X
Liefertermine		X

Ausgangsdaten

Legende: Spalte 1 = „Datentyp auch zu and. PPS-Funktionen", Spalte 2 = „Ausgabe nur am Anwendungsort"

Bestellauftragsfreigabe

Ausgangsdaten	PPS-Funktionen	Anwendungsort
Bestellauftrags-Nr.	X	
Bestellbezeichnung	X	
Bestelldatum		X
Bestellmenge	X	
Bestellwert	X	
Freigabekennung		X
Lieferanten-Nr.	X	
Lieferbedingung		X
Lieferkonditionen		X
Liefertermin		X
Status		
Teilbestellmenge		
Termintreue des Lieferanten	X	
Zahlungsbedingung	X	

Bestellschreibung

Ausgangsdaten	PPS-Funktionen	Anwendungsort
Abmessung	X	
Bestellauftrags-Nr.	X	
Bestellbezeichnung	X	
Bestelldatum	X	
Bestellmenge	X	
Einheit	X	
Gewicht	X	
Kennungen der Lieferaufträge		X
Lieferanten-Anschrift	X	
Lieferanten-Name	X	
Lieferanten-Nr.	X	
Lieferkonditionen	X	
Liefermenge	X	
Lieferort	X	

Abb. 9.10i: Liste der Eingangs- und Ausgangsdaten sowie ihrer Eingabe- und Ausgabeorte für die PPS-Funktionen des Fallbeispiels

Eingangsdaten | Ausgangsdaten

Datentyp stammt aus dem EDV-System — Datentyp auch zu and. PPS-Funktionen
Eingabe am Anwendungsort — Ausgabe nur am Anwendungsort

Funktion	Eingangsdaten		Ausgangsdaten	
Bestellschreibung	Mindestmenge		Lieferschein-Nr.	X
(Fortsetzung)	Status der Lieferaufträge	X	Liefertermin	X
	Werkstoff	X	Status der Lieferaufträge	X
	Zahlungsbedingung	X	Werkstoff	X
			Zahlungsbedingung	X
Fertigungsfortschritts-	Aktuelle Belastung		Arbeitsplatz-Nr.	X
erfassung	Arbeitsplatz-Nr.	X	Ausschußgrund	X
	Arbeitsplatzbezeichnung		Fertigungsauftrags-Nr.	X
	Arbeitsvorgangs-Nr.	X	Gutstückzahl	X
	Arbeitsvorgangsanfangstermin		Istmenge	X
	Arbeitsvorgangsbezeichnung		Kennung	X
	Arbeitsvorgangsendtermin		Los-Nr.	X
	Arbeitsvorgangspriorität		Personen-Nr.	X
	Ausschußgrund	X	Produktivzeit	X
	Ausweiskennziffer		Status	X
	Datum	X	Stillstandzeit	X
	Ereignis-Kennzeichen	X	Störgrund	X
	Fertigungsauftrags-Nr.		Störzeit	X
	Gutstückzahl	X	Uhrzeit	X
	Kapazitätsbelegung		Unterbrechungsgrund	X
	Kennung			
	Lohngruppe			
	Los-Nr.			
	NC-Programm-Nr.			
	Personen-Name			
	Personen-Nr.	X		
	Sollmenge	X		
	Status	X		
	Störgrund	X		
	Unterbrechungsgrund	X		
	Vorrichtungs-Nr.	X		
	Vorrichtungsbezeichnung	X		
	Werkzeug-Nr.	X		
	Werkzeugbezeichnung	X		

Abb. 9.10k: Liste der Eingangs- und Ausgangsdaten sowie ihrer Eingabe- und Ausgabeorte für die PPS-Funktionen des Fallbeispiels

- xxii -

MTQ-überwachung
Eigenfertigung

	Eingangsdaten		Ausgangsdaten	
	Datentyp stammt aus dem EDV-System	Eingabe am Anwendungsort	Datentyp auch zu and. PPS-Funktionen	Ausgabe nur am Anwendungsort
Aktuelle Belastung		X	X	
Arbeitsplatz-Nr.		X		X
Arbeitsplatzbezeichnung		X	X	
Arbeitsplatzgruppen-Nr.		X		X
Arbeitsvorgangs-Nr.	X			X
Arbeitsvorgangsanfangstermin	X			X
Arbeitsvorgangsbezeichnung		X	X	
Arbeitsvorgangsendtermin		X		X
Arbeitsvorgangspriorität	X			X
Ausschußgrund		X	X	
Ausweiskennziffer		X		X
Datum		X		X
Ereignis-Kennzeichen		X		X
Fertigungsauftrags-Nr.	X			X
Gutstückzahl		X		X
Istmenge		X	X	
Kapazitätsbestand, belegter		X		X
Kapazitätsbestand, freier		X		X
Kapazitätsbestand, verplanter		X		X
Kennung		X		X
Kundenauftrags-Nr.	X			X
Lohngruppe				
Los-Nr.				
NC-Programm-Nr.		X		X
Personen-Name				
Personen-Nr.				
Produktivzeit		X		X
Pufferzeit		X		X
Sollmenge		X		X
Status		X		X
Stillstandszeit		X		X
Störgrund		X	X	
Störzeit		X	X	
Teilebezeichnung		X	X	
Uhrzeit		X		X
Unterbrechungsgrund		X	X	
Vorrichtungs-Nr.				
Vorrichtungsbezeichnung				
Werkzeug-Nr.				
Werkzeugbezeichnung				

Abb. 9.10l: Liste der Eingangs- und Ausgangsdaten sowie ihrer Eingabe- und Ausgabeorte für die PPS-Funktionen des Fallbeispiels

Abb. 9.10m: Liste der Eingangs- und Ausgangsdaten sowie ihrer Eingabe- und Ausgabeorte für die PPS-Funktionen des Fallbeispiels

PPS- Funktionen	Eingangs- daten- typen		Ausgangs- daten- typen			
	Vom An-wen dungs-ort	Ge-samt-zahl	Nur An-wen-dungs-ort	Ge-samt-zahl	EH (in %)	AV (in %)
Kundenauftragseinplanung	9	14	0	6	64	0
Auftragsterminierung	0	14	0	4	0	0
Kapazitätsdeckungsrechnung	1	28	2	12	4	17
Bedarfsermittlung	3	34	2	18	9	11
Bestandsführung	14	45	8	34	31	24
Bestellmengenrechnung	0	38	3	20	0	15
Bestellauslösung	1	12	0	8	8	0
Durchlaufterminierung	0	32	6	18	0	33
Reihenfolgeplanung	0	21	3	16	0	19
Fertigungsauftragsfreigabe	1	19	2	14	5	14
Fertigungsbelegerstellung	0	36	0	39	0	0
Arbeitsverteilung	0	27	6	8	0	75
Bestellauftragsfreigabe	3	15	7	12	20	58
Bestellschreibung	1	17	17	19	6	89
Fertigungsfortschrittserfassung	7	15	0	15	47	0
MTQ-überwg. Eigenfertigung	5	32	9	32	16	28
Wareneingangserfassung	5	24	3	23	21	13

Abb. 9.11: Ermittlung der Erfüllungsgrade von 'Eingangsdatenherkunft' und 'Ausgangsdatenverwendung'

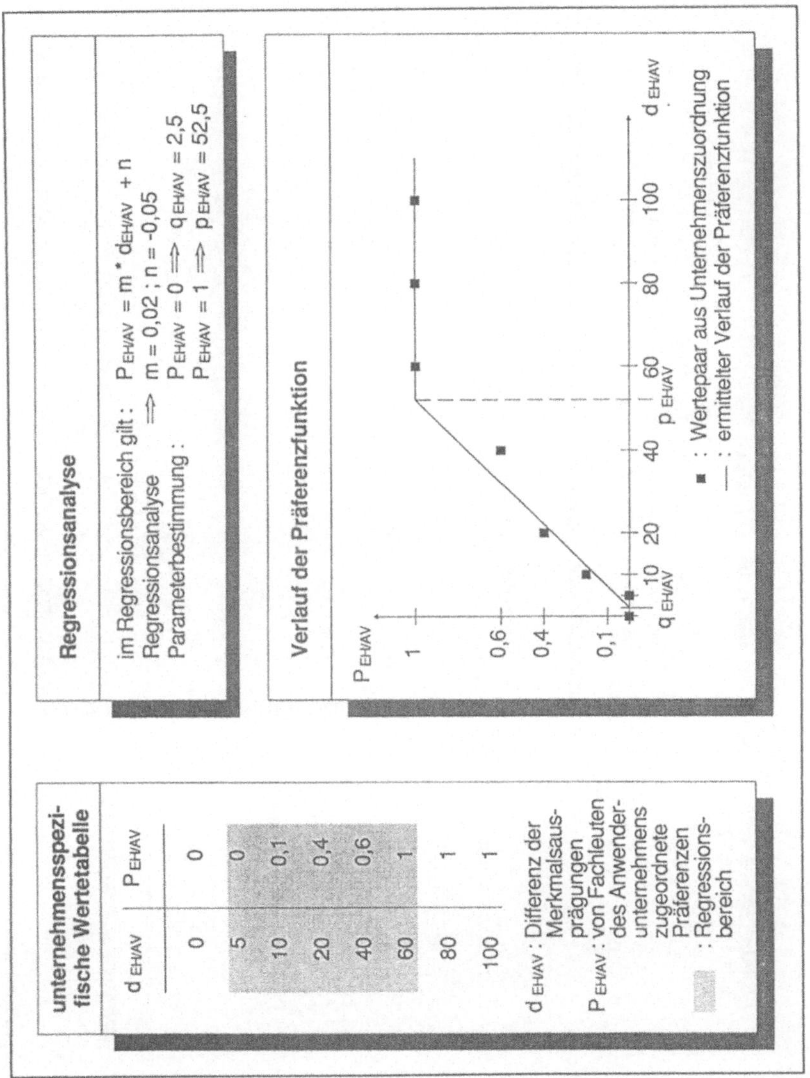

Abb. 9.12: Festlegung der Parameter der Präferenzfunktion der Abspaltungskriterien 'Eingangsdatenherkunft' und 'Ausgangsdatenverwendung'

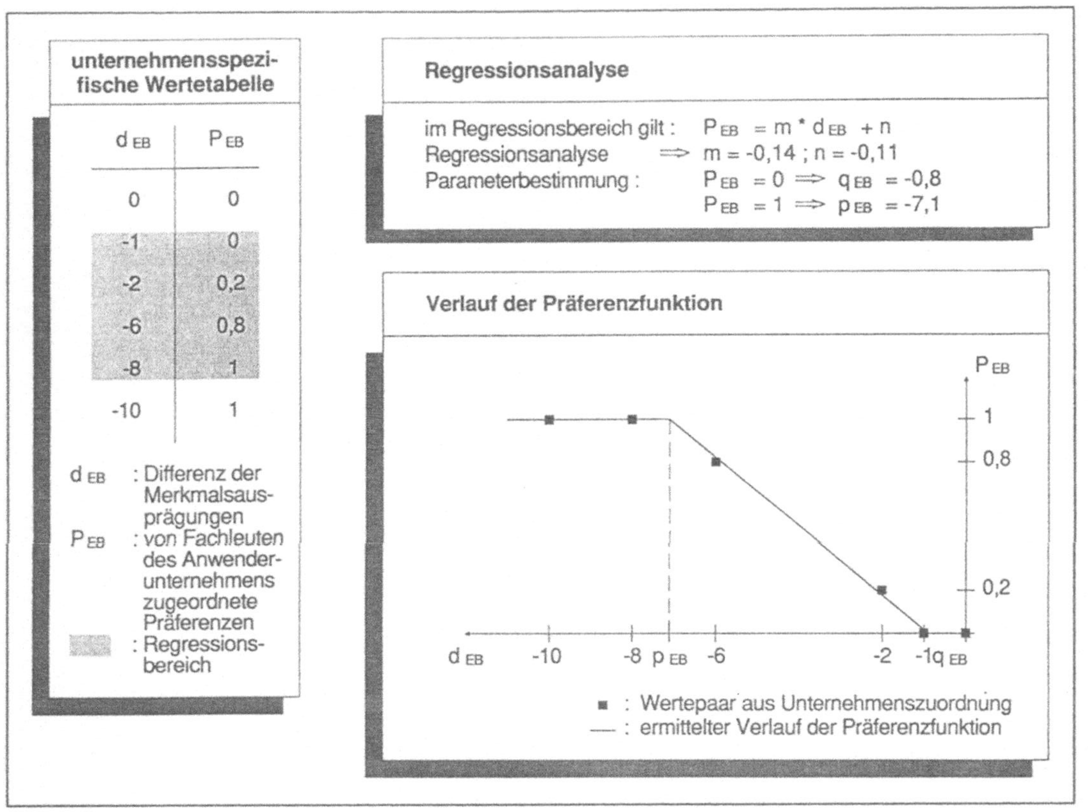

Abb. 9.13: Festlegung der Parameter der Präferenzfunktion des Gruppierungskriteriums 'EDV-Belastung'

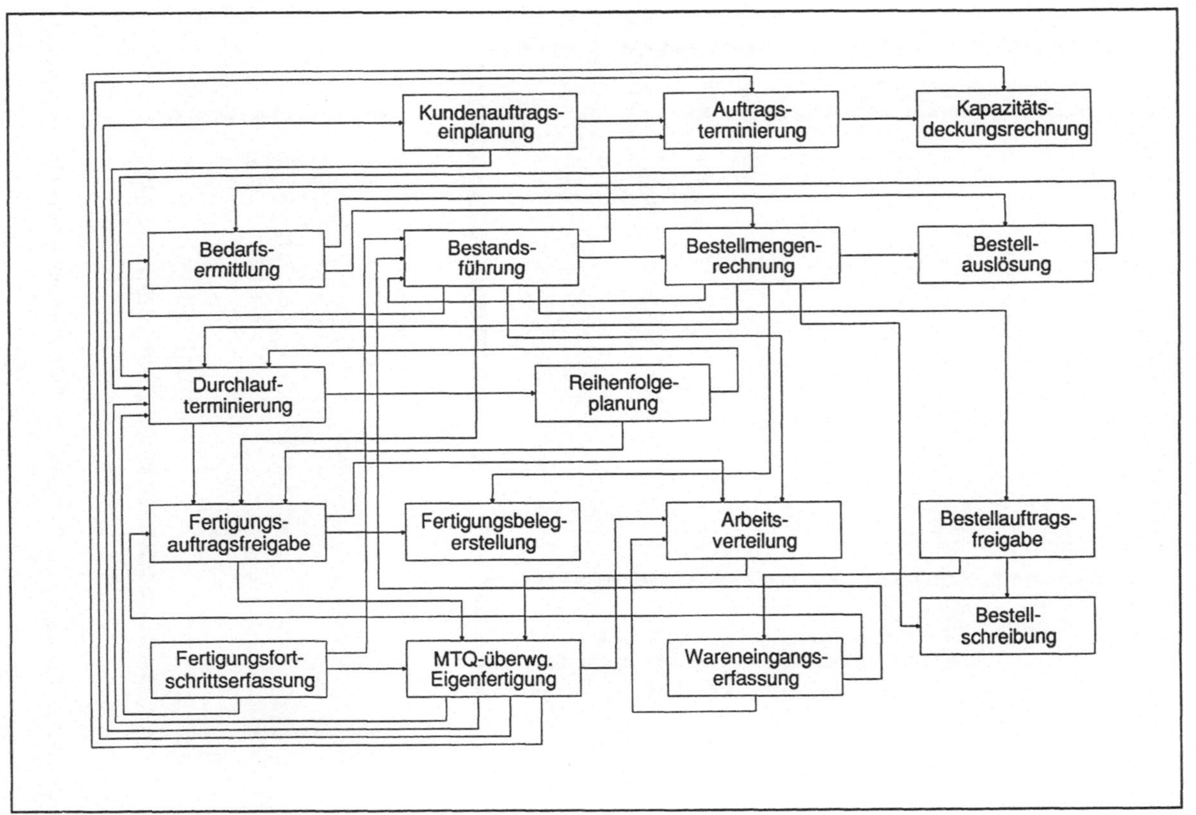

Abb. 9.14: Informationsnetz der betrachteten PPS-Funktionen des Fallbeispiels

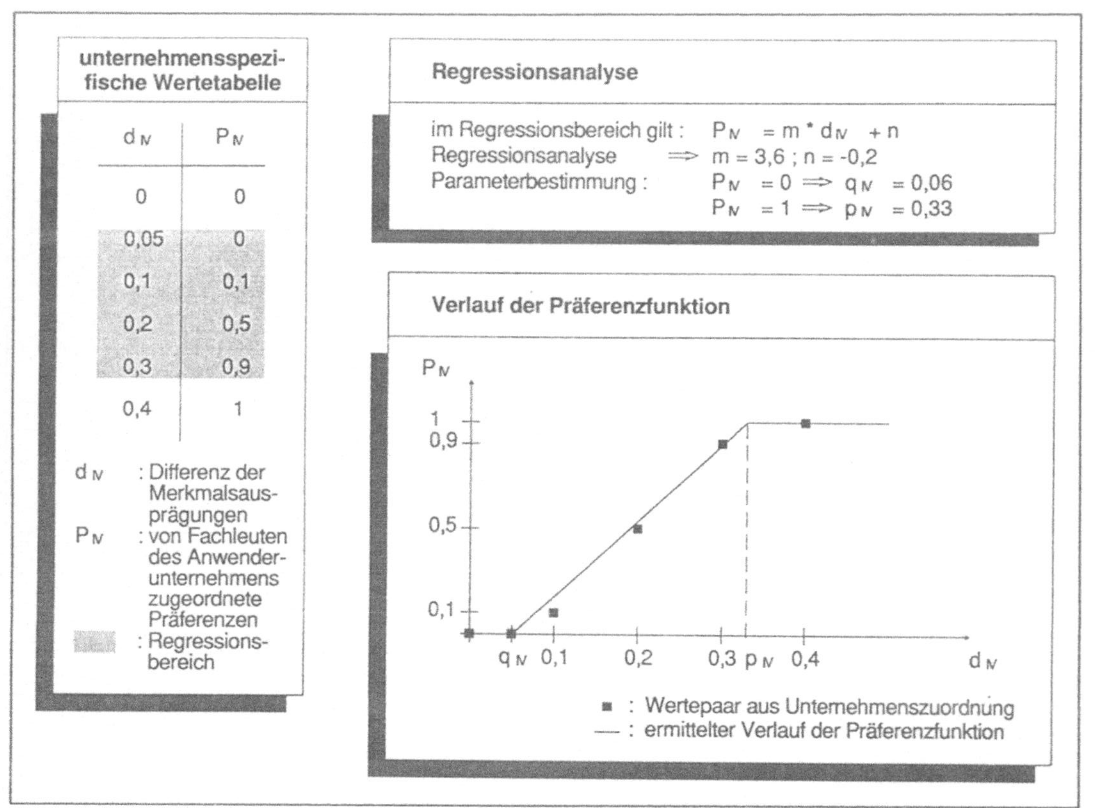

Abb. 9.15: Festlegung der Parameter der Präferenzfunktion des Gruppierungskriteriums 'Informationsverknüpfung'

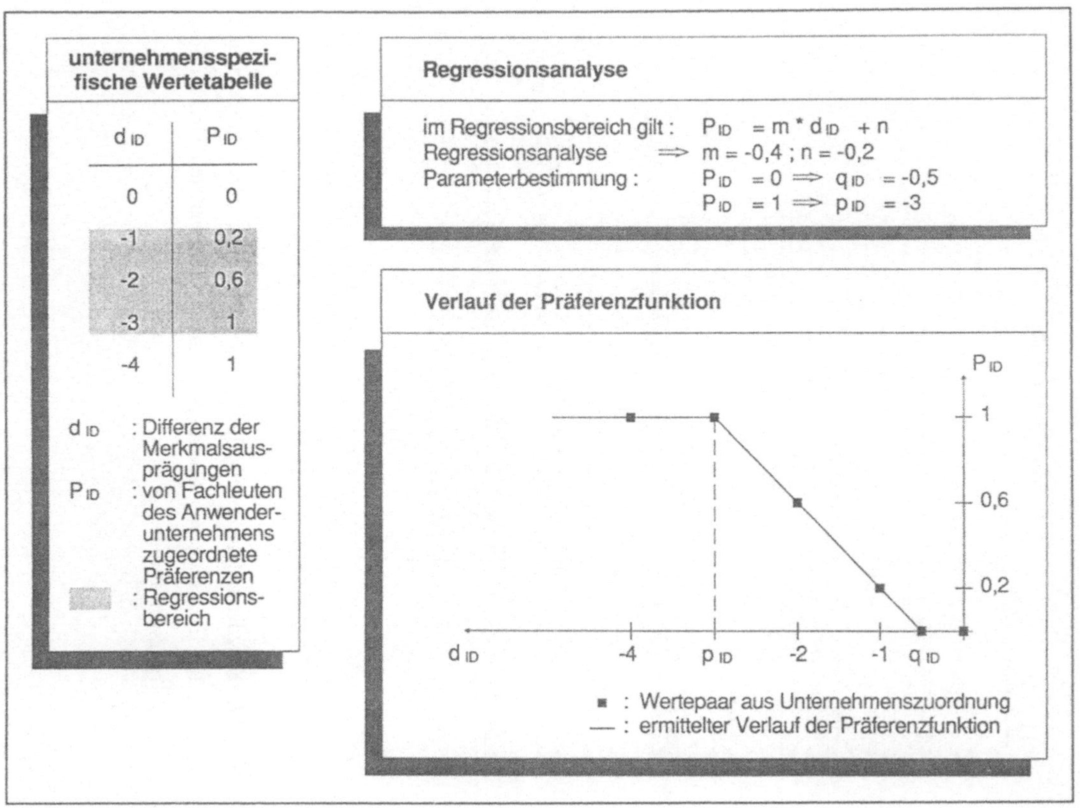

Abb. 9.16: Festlegung der Parameter der Präferenzfunktion des Gruppierungskriteriums 'Informationsdistanz'

Fragebogeninhalte:

Kriterium	dem Typ der Präferenzfunktion	Frage nach... den Parametern der Präferenzfunktion beantwortet durch	dem Erfüllungsgrad des Kriteriums
Detaillierungsgrad	Experten	Experten	Experten
Dispositionsspielraum	Experten	Experten	Experten
Dialogbedarf	Experten	Experten	
Rechenintensität	Experten		
Zeitlicher Horizont	Experten		
Eingangsdatenherkunft	Experten		
Ausgangsdatenverwendung	Experten		
Ähnlichkeit der Objekte	Experten	Experten	Experten
Ähnlichkeit der Verrichtungen	Experten	Experten	Experten
Informationsverknüpfung	Experten		
Anwender - Belastung	Experten	Experten	
EDV - Belastung	Experten		
Informationsdistanz	Experten		
Räumliche Restriktionen	Experten	Experten	

Weiterhin wurden folgende Fragen gestellt:

Kriterium	Frage nach der Zuordnung der entsprechenden PPS - Funktionen (bzw. - Funktionspaaren) zu...	Operationalisierung vgl.	Erfüllungsgrade vgl.
Detaillierungsgrad	den Objekten Personal, Material und Betriebsmittel	Abb. 5.2	Abb. 9.1
Dispositionsspielraum	der tiefstmöglichen Ebene der Entscheidungsbefugnis Unternehmens-, Bereichs-, Ausführungsebene	Abb. 5.4	Abb. 9.2
Ähnlichkeit der Objekte	den Objekten Material (Termin, Menge), Personal (Termin, Kapazitäten), Betriebsmittel (Termin, Kapazität) und Information (Gesamtauftrag, Beleg)	Abb. 5.16	Abb. 9.4
Ähnlichkeit der Verrichtungen	den Verrichtungen Veranlassen, Realisieren, Überwachen, Sichern und Entscheiden (auf Unternehmens-, Bereichs-, und Ausführungsebene	Abb. 5.19	Abb. 9.6

Abb. 9.17: Kurzdarstellung der Inhalte des Fragebogens zur unternehmensneutralen Erfassung von Eingangsgrößen des angewandten Dezentralisierungsverfahrens

FIR + IAW
Forschung für die Praxis

Berichte aus dem Forschungsinstitut für Rationalisierung (FIR), Aachen, und dem Lehrstuhl und Institut für Arbeitswissenschaft (IAW) der Rheinisch-Westfälischen Technischen Hochschule Aachen.

Herausgeber: Univ.-Prof. Dr.-Ing. R. Hackstein

10 Organisatorische Gestaltung einer zentralen Werkstattsteuerung
Von M. Strack. ISBN 3-540-17570-9.
1987, 150 Seiten mit 48 Abbildungen   68,- DM

11 Planzeiten für Konstruktion und Arbeitsplanung
Von K.-G. Konrad. ISBN 3-540-18040-0.
1987, 151 Seiten mit 49 Abbildungen   68,- DM

12 Integrierte Produktionsplanung
Von E. Gillessen. ISBN 3-540-18614-X.
1988, 149 Seiten mit 45 Abbildungen   68,- DM

13 Einführung von Informations- und Kommunikationstechnologie
Von R. Junker. ISBN 3-540-18845-2
1988, 157 Seiten mit 26 Abbildungen und 42 Tabellen   68,- DM

14 Personal Computer in kleinen Produktionsunternehmen
Von H. Hoff. ISBN 3-540-19407-X.
1988, 158 Seiten mit 64 Abbildungen   68,- DM

15 Betriebsdatenerfassung in Konstruktion und Arbeitsplanung
Von M. Virnich. ISBN 3-540-19408-8.
1988, 194 Seiten mit 50 Abbildungen   68,- DM

16 Informationswesen in der Instandhaltung
Von W. Klein. ISBN 3-540-50177-0.
1988, 152 Seiten mit 61 Abbildungen   68,- DM

17 EDV-gestützte Instandhaltung
Von J. Weingärtner. ISBN 3-540-50178-9.
1988, 171 Seiten mit 52 Abbildungen   68,- DM

18 Termin- und Kapazitätsplanung der Arbeitsplanung
Von G. Steger. ISBN 3-540-50179-7.
1988, 195 Seiten mit 99 Abbildungen   68,- DM

19 Integration von flexiblen Fertigungszellen in die PPS
Von H.-U. Förster. ISBN 3-540-50181-9.
1988, 179 Seiten mit 78 Abbildungen   68,- DM

20 Bestimmung des Automatisierungsgrades der rechnergestützten NC-Programmierung
Von V. Pfennig. ISBN 3-540-50229-7.
1988, 150 Seiten mit 59 Abbildungen   68,- DM

21 Auswahl und Beurteilung EDV-gestützter IPS-Systeme
Von U. Breer. ISBN 3-540-50747-7.
1989, 158 Seiten mit 58 Abbildungen und 23 Tabellen   68,- DM